我
们
一
起
解
决
问
题

北京育心文化发展有限公司　著

如何培养内心强大的孩子

心理韧性

人民邮电出版社

北　京

图书在版编目（CIP）数据

心理韧性：如何培养内心强大的孩子 / 北京育心文化发展有限公司著. -- 北京：人民邮电出版社，2022.7
ISBN 978-7-115-57569-2

Ⅰ．①心… Ⅱ．①北… Ⅲ．①儿童心理学②儿童教育—家庭教育 Ⅳ．①B844.1②G782

中国版本图书馆CIP数据核字(2021)第201510号

内 容 提 要

作为家长，当孩子还在我们的羽翼之下时，我们应该做什么，来帮助孩子有能力应对今后可能遇到的困境？作为老师，我们要怎么做，才能让学生不仅学习好，而且不会有"玻璃心"或者成为"空心人"？作为普通人，我们能帮助自己、我们的孩子或学生成为更坚韧的人吗？

心理韧性是每个人都需要具备的素质，这是一种能通过后天的训练得以提升的能力。本书首先讲解了心理韧性是什么，然后根据"Toughen up"（强悍化）模型从如何提升对挫折的容忍度、如何培养乐观心态、如何面对失败、如何进行自我肯定、如何建立有益的关系等九个方面指导读者提升与增强心理韧性，并且每一章均包括理论介绍、应用方法、案例分析、实操练习和自助作业。

希望家长和老师通过学习本书中的内容，引导与培养孩子拥有强大的内心。

◆ 著　 北京育心文化发展有限公司
责任编辑　姜　珊
责任印制　彭志环
◆ 人民邮电出版社出版发行　　北京市丰台区成寿寺路 11 号
邮编 100164　 电子邮件 315@ptpress.com.cn
网址 https://www.ptpress.com.cn
廊坊市印艺阁数字科技有限公司印刷
◆ 开本：880×1230　1/32
印张：10.25　　　　　　　　　　2022 年 7 月第 1 版
字数：150 千字　　　　　　　　2025 年 11 月河北第 13 次印刷

定　价：69.80 元
读者服务热线：（010）81055656　印装质量热线：（010）81055316
反盗版热线：（010）81055315

彭凯平

清华大学社会科学学院院长、心理学系教授

国际积极心理联合会（IPPA）及国际积极教育联盟（IPEN）中国理事

当得知安妮撰写的《心理韧性》一书即将成书面世，我感到特别欣慰。我们这个时代十分需要来自专业心理学科研工作者的贡献，心理韧性对于社会大众无比重要，尤其对于儿童、青少年、青年群体，更是需要重点培养的一种品质和能力。我们的教育与社会是时候把目标从表面的年轻人的成绩或成就转移到为他们创造更加良好的心理韧性环境建设上来了，让更多的年轻人从"任性"走向"韧性"。

· 1 ·

在生活中，我们都经历过一种情况：当我们遇到尴尬或者不开心的事情时，都不太会给自己或别人"下台阶"。比如和孩子生气、和恋人吵架、和陌生人发生纠纷等。往往一些特别小的事，因为当事双方都不会"下台阶",使本来简单的情绪越演越烈,造成十分严重的负面结果,害人害己,伤人伤己,不仅解决不了问题,反而把小问题变成大问题,甚至变成更加复杂的问题,得不偿失。

由于不会"下台阶",本来的一点点小情绪变成坏情绪,之后又从坏情绪变成情绪爆炸,最后被点燃的情绪一路狂飙进入"情绪黑洞",这是很多人的人生遭遇重大挑战与挫折的元凶。

心理学里有一个"任性机制",是指一个人和他人起冲突后,会极大地激发起他本能的避害机制。避害机制体现为以"焦虑、恐惧、不安、愤怒、忧伤"等为代表的负面情绪与心理状态。"恐惧管理"理论认为,创伤能够激发人们把各种防御机制用到极致。在漫长的进化史中,人类演化出了两种防御机制:本能防御与理性防御。

大脑神经机制研究证实:情绪防御机制的启动与反应有两个通路,一个是由边缘系统直接引发的快速反应系统,一个是经过大脑皮层理性思考的慢速反应系统。前者属于近端防御(或者叫本能防御),后者属于远端防御(或者叫理性防御)。

近端防御机制只能短暂地处理信息,保证生命体在应激状态下最大程度地不受伤害,斗或逃是通常的行为选择。这种机制下,人在遭受挫折时,会以比较幼稚的态度,选择早期生活阶段的某种应激行为方式来应对当前情况。这样的防御机制并不是为了解决问题,而是为了阻挡伤害。至于是不是伤害到对方,则完全不在本能考虑的范畴之内。只有远端防御机制("外界刺激→丘脑→扣带回→大脑各区域相应皮质")的长通路,才能够帮助人类用理性、同理心、爱意、宽容、幽默等情绪智力来解决问题。

所以，我会说："下不了台阶时，我们是动物。下得了台阶时，我们才是人。"因此要彻底解决问题，我们要刻意锻炼，并去建立远端防御机制，而**心理韧性的培养与锻炼恰恰是我们"人之为人"的最重要的能力**。

· 2 ·

2018 年，我受中国企业家俱乐部的委托，采访了改革开放 40 年中 30 多位有代表性的企业家。这个课题的一个核心目的是这些企业家们想通过科学的研究了解卓越企业家能够将事业做到极致的原因是什么，并总结出系统的经验来，以传承给新一代的创业者。

采访的结果令我感触良深：大部分成功的企业家，人前看起来似乎风光无限，但他们背后所经历的磨难是常人难以想象的。可以说，成功都是磨炼出来的。他们最重要的一项品格就是具备强大的"心理韧性"。而我认为，"心理韧性"在当今更是我们的社会最急需的一种"远端防御机制"。

我们都知道，自 2020 年起，新冠病毒肆虐，疫情往复，不仅给人们的工作和生活带来了巨大的不便和风险，也挑战了人们内心的秩序，带来很多不确定性，人们多多少少都体会到不安、沮丧、无力感等负面情绪，尤其是孩子们。2021 年清华大学社会科学学院在新华社的帮助下，对全国 30 多万中小学生进行了调查，结果显示，在新冠病毒造成的社会影响下，在一些孩子中出现了"四无"现象：学习无动力、生活无兴趣、社交无能力、生命无意义感。我们不禁要发问：当正常的学习与生活秩序被疫情无情地打乱，我们的心灵该如何安放？面对人生的挑战和逆境，人们需要怎样做才能不被困难和压力击垮，收获成就和意义？面对灾难和不确定性，我们可以做些什么，来帮助自己和孩子应对"世事无常"，保持积极心态？

这些都离不开一种重要的能力：心理韧性，也称抗逆力。这也是我郑重向读者推荐的这本《心理韧性》一书的中心思想。

· 3 ·

安妮是积极心理学的创始人马丁·塞利格曼的学生，也是我们清华大学积极心理学团队的中坚力量。从 2012 年起，安妮便在中国从事大规模的积极心理学培训，为积极心理学在中国的引进和推广做出了贡献。多年来，安妮一直对心理韧性这个主题感兴趣，阅读了大量的学术文献，还做了很多研究与培训。本书有以下几个特点值得向读者推荐。

第一，理论与实践相结合。

韧性是一个很宽泛的概念，具体包括哪些要素，不同的学者有不同的理论模型。安妮创造性地将学者们的研究成果综合起来，提出了自己的"TOUGHEN UP"（"强悍化"）模型，这个模型中所包含的提升韧性的九种能力，是符合科学原理的。"强悍化模型"是一个"美丽"的模型，通俗易懂，易于理解与内化，可以算是心理韧性建设方法中的一个对中国家庭颇具指导意义的思想成果。

除介绍培养韧性的方法之外，本书还以通俗的语言介绍了这些方法背后的原理，比如构建韧性的神经生物基础、应对压力的生理机制等，让读者们知其然也知其所以然。

在本书中，安妮结合自己多年从事积极心理学、心理韧性和坚毅力等方面的培训经验，提供了很多具体的方法和练习，让这本书具有了较高的实用性。

第二，融合了学者、妈妈与朋友的多重视角。

作为学者，安妮对心理学有独特的思考，能够超越书本知识，产生自己的见解。比如对感恩这样一种常见的心理干预，她指出，为了让孩子具备感恩之心而强调家人对孩子的付出，带来的可能不仅仅是感恩，也可能是负疚，甚至可能在潜意识中强化了孩子的自我中心感。她还认为，对于给孩子的"有条件的爱"和"无条件的爱"，很多家长都"给反了"，等等。相信她对心理学和家庭教育的思考，能够给家长、教师和其他教育工作者不少启发。

安妮在书中以很多她培养自己儿子的经历作为案例。从中可以看出，安妮对孩子的教育兼具爱与规矩。我觉得对读者特别有参考价值的是她能够抓住教育契机，在孩子人生中的重要时刻以及日常生活中的点滴小事中，随时随地、自然而然地教孩子各种人生技能。相信读者们会喜欢这些真实的案例。

本书也分享了安妮本人的成长历程与人生思考。阅读这些文字，我们不仅能感受到她是一个非常有韧性的人，也能体会到她真诚的品性，就仿佛在跟一位好朋友聊天。

第三，体现了辩证思维等东方智慧。

作者在中国和西方都有丰富的生活阅历与教育背景，本书不仅介绍了西方先进的科研成果，也体现了古老的东方智慧。

中国传统的辩证思维中含有丰富的二元辩证思想，比如，祸兮福所倚、福兮祸所伏。本书对心理韧性的阐述一再强调，期待生活一帆风顺、对孩子过度保护不利于构建心理韧性，人们要能够从负面事物中接收积极的信息，要让孩子从挫折中获得心理免疫力。

东方智慧也重视平衡感与整体感。本书强调，要在"经历坎坷"与"压力过大"之间达成平衡、在"松一松"和"紧一紧"之间达成平衡，在"追求内心成长"与"体验世俗快乐"之间达成平衡。此外，安妮还提出，在养育孩子及培养韧性的过程中，并非一个模式适合所有人，要整体考量、因材施教。比如，对于被忽视和虐待的孩子，要加强保护、减少压力和创伤，同时教孩子多种应对技能，确保孩子所承受的压力不会超出其应对能力；而对于娇生惯养、过度保护的孩子，则要有意地让他们经受挫折、体会失败，主动给他们"接种压力"，让他们逐步构建心理免疫力，以此帮助不同状况下的孩子增强心理韧性。

总之，无论是孩子还是成人，无论在当下的疫情中，还是长远的人生发展中，韧性都是不可或缺的。无论是在学术上，还是在实践中，华语世界都需要这么一本韧性培养的专著。我们也特别期待安妮的这本著作能够给更多的中华家庭带来福音。

特此为序，静待花开。

2022 年 5 月 27 日

人人都需要抗脆弱的力量

心理韧性：一种不可或缺的能力

作为家长，当我们把孩子带到世间，把一个软软糯糯的小身体捧在手心的时候，我们的内心对这个孩子充满了爱和祝福："宝贝，愿你此生一帆风顺、万事如意！"但其实我们都知道，无论怎样爱这个孩子，我们都不可能永远保护和照顾他的一切，孩子今后的道路不可能总是一帆风顺，孩子这一生不可能万事皆如意。

那么，当孩子还在我们的羽翼之下时，我们应该做什么，来帮助孩子有能力应对今后可能遇到的困境？

孩子需要具备哪些素质和能力，我们才可以放心地让孩子走入社会，甚至在我们离开这个世界的时候，也能够欣慰地知道，孩子在今后的人生中无论遇到怎样的挑战，他都不仅能健康地生活，而且能欣欣向荣？

作为老师，你早出晚归、辛辛苦苦地教课、带学生，你希望学生们能学习好、考高分、上理想的学校，你也希望他们阳光、快乐，无论是在学校还是毕业后走入社会，都能积极向上、成为有用之才。但是，你深知，有些学生虽然学习成绩好，但是内心很脆弱，听不得批评、受不了挫折；还有些学生，由于过去的失败而感到自卑和无助，因此放弃自我。

那么，你要怎么做，才能让那些"好学生"不仅学习好，而且不会有所谓的"玻璃心"或者成为"空心人"？

你要怎么做，才能让那些相对落后的学生能从之前的失败中总结经验、奋起努力、开启逆袭之旅？

你要怎么做，才能让所有的学生都能朝气蓬勃、心理健康、学业有成、健康成长？

作为一个普通人，在过去的一年里，你是否曾被一些人或事烦扰得心神不宁？是否曾因压力和焦虑而夜不成寐？是否曾因失落或伤心而在暗夜里独自流泪？是否曾因无助和无望而走到崩溃的边缘？

如果你对上述的任何一种描述有所共鸣，那么这本书就是为你写的。作为家长、老师或一个追求更好生活的普通人，如果你曾遇到上述任何一种困扰，现在你所需要的，就是多一点心理韧性——帮助你的孩子、你的学生，以及你自己，变得更加坚韧。

心理韧性（Psychological Resilience）简称韧性，也被称为抗逆力、抗挫力、复原力、回弹力等。心理韧性是人应对与战胜挫折和逆境的心理力量。现在人们常说要反脆弱，反脆弱最核心的能力就是心理韧性。

心理韧性：一种可以提升的能力

你一定想知道：我能成为更坚韧的人吗？我的孩子或学生能成为更坚韧的人吗？

答案是肯定的。人的韧性并不是一种固定不变的特质，人能达到的韧性程度也没有特定的限制。韧性也不是一个非黑即白的特质，不是要么有，要么无，它是一个连续的谱系，每个人都处于这个谱系的某个点上。但是无论你或你所关心的人今天在这个谱系上所处的位置如何，你们都能向谱系中更强韧的方向移动。

虽然有些人从小就生长在一个能自然地培养心理韧性的环境中，但是我们大多数人都需要刻意地学习如何应对逆境、提升韧性。研究发现，大多数人都觉得自己相当有韧性，但这可能是因为我们还没有遇到足够大的挫折。事实上，我们很多人在心理上都不太能够应对困难和失败，面对挫折和坎坷时我们可能会感到无助、沮丧，甚至放弃努力，而不是勇敢自信地面对所遭遇的困境。此外，即使你或你的孩子、学生在生活中的某些方面比较有韧性，但在其他方面你们可能依然韧性不足。因此，我们都需要学习在面临困难与挑战时如何积极地思考和行动，如何从遇到的挫折与失败中学到有益的知识和经验，如何通过追寻生活的价值和意义，来引导自己度过生命中的痛苦或磨难。值得庆幸的是，通过学习和磨炼，每个人都能提升自己的心理韧性水平。

过云几十年，关于韧性的研究取得了巨大的进展，心理学家已经发现了人们的生理状况、想法、情绪和行为，以及环境和社会关系对其心理韧性的影响，并致力于找出一些方法，来改变人们不健康的身体状态、消极的想法、情绪和行为，减少负面的环境和人际因素，使人们发展出更强大的心理韧性。无论是在提高个人、孩子、父母、夫妻、员工的韧性方面，还是在帮助存在抑郁和焦虑问题的儿童青少年及成年人方面，提升与增强心理韧性的干预都已经取得了巨大的成果。

构建心理韧性的九大能力

那么究竟怎样才能让你或你的孩子、学生更有心理韧性呢？关于心理韧性的研究卷帙浩繁，本书不是一本关于心理韧性的全面的学术研究综述，也不是一本以吸引眼球为宗旨的"贩卖大力丸"之作。本书力求兼顾科学性和实用性。

在科学性方面，我从众多关于心理韧性的研究中挑选出有科学依据、有证据支持的理论研究和干预方法，这些方法对于提升人们在逆境中的心理韧性非常关键。我尤其关注那些已经证明会为身体或心理带来持续的正面改变，并导致神经系统发生某种持续变化的方法，即在干预后所发生的神经系统的变化，至少可以持续24小时。

在实用性方面，我挑选的这些策略和方法都是可以操作、可以学习的。也就是说，本书专注于那些可以习得的策略，而非不可改变的遗传因素或人格倾向性，以及一时难以改变的环境（如居住的地区、家庭的社会经济地位等），虽然这些因素对心理韧性也是有影响的。

根据心理学、教育学、脑科学、健康科学等学科的研究及世界各地的韧性干预实践，我归纳并总结出九种构成心理韧性的要素（或称九种能力）及相应的干预方法，这些方法都是有科学证据支持的。这些方法中的各个部分已分别在儿童、青少年、父母、教师、管理者、员工、运动员、病人、犯人等不同的人群身上运用过，实践证明这些方法确实是有效的。

从实质上来讲，提升韧性的目标，是为了让人们在困难和挫折面前变得强悍起来。"强悍起来"的英文是"toughen up"。为了便于记忆，我将构建心理韧性的九大要素与 TOUGHEN UP 这个词组的九个字母相对应，分别为：

构建心理韧性的九大要素

TOUGHEN UP（强悍起来）
T：Tolerating Frustration - 忍耐挫折，心理免疫
O：Optimistic Outlook - 乐观心态，认知重建
U：Understanding Values - 审视价值，活出意义
G：Growth Mindset - 成长心态，直面失败
H：Healthy Lifestyle - 关注健康，养护身心
E：Emotional Regulation - 管理情绪，调控感受
N：Network Building - 建设关系，心怀感恩
U：Unwinding Stress - 管理压力，达致平衡
P：Problem Solving- 解决问题，有效应对

本书的结构

本书第 1 章，从什么是心理韧性讲起。首先为大家介绍心理韧性到底是什么、为什么我们需要心理韧性、心理韧性强的人是什么样子的，并用四个具体的案例来分析心理韧性形成的四种模式和途径。鉴于心理韧性的形成从幼年开始，儿童期的韧性培养对人一生的心理素质影响巨大，因此第 1 章的后半部分介绍了会对孩子的心理韧性发展产生影响的风险性因素与保护性因素。在风险性因素中，本章特别介绍了早期不良经历对孩子身心健康和韧性的影响；在保护性因素中，着重介绍了养育方式对孩子健康发展和心理韧性形成的重要作用。这一章介绍的学术概念和科学研究较多，不习惯阅读此类内容的读者，可以跳过这一章，直接阅读后面关于实操方法的章节。

从第 2 章开始，我们进入提升心理韧性的九大能力，以及提升这些能力的具体方法。对每一种能力，各章都会分别介绍：Why——这种能力为什么对培养心理韧性很重要；What——这个能力的含义是什么；How——如何培养这种能力。为了方便大家实践，每一章都提供了一些具体的练习。

本书第 2 章指出，在这九种能力中，人们首先要对挫折和不适有一定的容忍度，并且能在克服一个个小挫折的过程中逐渐构建和强化心理免疫力。如果不能忍受任何的挫折感及身体和心理上的不适，人怎么能适应并战胜困难和逆境呢？这就是为什么很多人将韧性称为"抗挫力"的原因。一些成年人或孩子之所以会对小小的挫折和不适都无法忍受，很重要的原因是，他们此前没有经历过挫折和不适，也就未曾锻炼过心理免疫力。因此，应避免对孩子过度保护，应给他们提供机会，让他们经历一些生活的风雨。当然，对成年人也是如此。

第 3 章是关于积极认知和乐观心态对心理韧性的影响。在面临困境的时候，为了不被困境打倒，人必须对现实持有清醒而积极乐观的态度，对未来充满希望。虽然困境可能无法改变，但人完全可以通过改变自己对困境的解读，而变得更加乐观和充满希望。

但有些时候，人就是无法接纳和容忍不符合自己期望的事，就是乐观不起来，就是感到没有希望。怎么办呢？这时我们就需要深挖自己的信念，看看有哪些深层的价值观潜在地阻碍了我们，压抑了我们蓬勃生命的绽放。我们需要找出那些深藏在潜意识中的负面观念，给自己自我肯定的力量。这是第 4 章的内容。

第 5 章讲的是人们缺乏心理韧性的一个重要原因是痛恨失败、希求完美。然而，这个世界没有人永远不失败，不可能一切完美如愿。所以，我们不仅要教孩子如何成功，也要教孩子如何面对失败，而要做到这一点，就要具备成长型心态，成长型心态是对抗完美主义和惧怕失败的利器。这些原则当然也适用于成年人。

第 6 章讨论生理状况对心理韧性的影响。有些时候，我们虽然具备了积极的思维方式和价值观，也能够从心理上接纳失败和挫折，但却依然没有战胜困境的力量。这可能是因为我们的身体处于不佳状态、缺乏应对挫折所必需的身心能量。人的身心是一个整体，当我们的身体处于良好状态时，我们的大脑和身体的其他部分，会给我们战胜困境提供生理和心理能量。

第 7 章讨论情绪调节对心理韧性的作用。在面对负面事件时，我们直接感受到的是情绪。当被负面情绪笼罩时，我们不仅会感觉很差，而且也缺乏积极的情绪力量来应对和解决问题。因此，学会管理情绪，增加正面情绪、调控负面情绪，是培养心理韧性必备的能力。

第 8 章讨论了社会资源对心理韧性的支持作用。积极的关系，是有助于韧性发展的保护性因素，因此，每个人都需要重视对关系的建设。当我们心怀感恩并努力提升人际技能时，我们就在为自己构建面对逆境时的人际支持系统。

在经历风雨的过程中，人难免会感受到压力，有时压力甚至会大到难以承受。正念和放松等技术，能够帮助人们有效地管理压力。关于如何通过管理好压力来让我们不至于被急性或慢性的压力压垮，从而构建起心理韧性，这是我们将在第 9 章讨论的内容。

第 10 章讲的是解决问题的能力。韧性是应对和战胜逆境的能力。解决问题的能力不足的人，会让一些原本可以解决的问题成为压力源，因此需要持续地面对很多的挫折和逆境。所以，解决问题的能力越强，人就相对越少地感受到压力，从而能够把精力用来应对诸如天灾、偶发事件等不可避免的问题和逆境。

上述九种能力是提升心理韧性不可或缺的要素，但是，极少有人能够在这九种能力上全都出类拔萃。

在本书中，你将了解自己及孩子的心理韧性水平，了解到自己的韧性优势之所在，以及还有哪些方面是需要提升的。本书的目标是帮助你及孩子提升这九种韧性能力，而这些能力都是有科学证据支持的。这九种能力会让你和你的孩子，以及其他你所关心的人变得更加健康、快乐，更有效率，拥有更加成功和幸福的生活。

本书中的大部分理论和方法都既适用于孩子，也适用于成年人。其中的很多练习，你可以直接拿给孩子做，也可以与孩子一起讨论，共同完成。除了给孩子提供方法和练习之外，本书还介绍了一些理论和方法，帮助家长更好地增进亲子关系，也成为更好的自己。这些方法也可以作为老师、心理咨询师等教育和心理工作者的参考。

最后要说明一下：虽然本书所提供的技能和方法确实能够改变人们的心态与生活，但很多心理学的技能和方法并不是快速见效的。请相信我，如果我能提供一颗"速效救心丸"或一个简单的韧性魔方，能让你立刻韧性倍增，对生活中的困境无往而不胜，那么我一定会这么做。但现实是，我们都需要付出真正的努力才能让自己的心理更强大、让生活变得更好。当代人生活在一个崇尚简易而快速见效的世界，人们不仅要得到更多、更好，而且要更快，甚至追求立竿见影。很多承诺快速生效的秘诀让人趋之若鹜、热血沸腾、充满了改变自己、征服世界的雄心壮志，但结果往往是，当几天之后激情消退，我们甚至都记不住自己当初学到了什么。或者，虽然记住了一些道理，但因为没有通过实践与练习将其内化为自己的心态与行动，于是我们很多人都过着"道理都懂，却仍过不好自己的人生"的日子。心理学的研究发现，几乎每个人都能永久性地提高自己的心理韧性，但需要认真地学习、持续地努力。如果你能认真地研读本书，并在实践中坚持实践本书所介绍的各种策略和方法，你的韧性应当会在今后的一个星期、一个月、一年甚至此生，得到稳步而持久的提升。

好，现在就让我们一起开启这场心理韧性成长之旅吧！

【思考与练习】

问题与目标清单

　　你为什么读这本书？你想通过学习心理韧性的知识和方法，来解决什么问题？

1. _____

_____

_____

2. _____

_____

_____

3. _____

_____

_____

4. _____

_____

_____

5. _____

_____

_____

目录 CONTENTS

第 3 章

乐观心态，认知重建

众多的研究发现，以建立积极解释风格为核心的认知干预措施，在预防和治疗抑郁症、提升韧性和幸福感方面非常成功，并且，认知重建的训练会给大脑带来持久的改变。

第 4 章

审视价值，活出意义

让自己的深层信念浮出水面，对其进行评估，并从本质上确定使你"运行"的信念是否有建设性、你的人生是否有意义。

119 ···

第 5 章

成长心态，直面失败

为了提升孩子的心理韧性，在他们做得好的时候，要表扬他们的努力和进步的过程；在孩子们做得不好的时候，要让他们意识到，他们只是暂时还未做到。

149 ···

第 6 章

关注健康，养护身心

在改变思维和心态的同时，我们还需要下大力气改变身体状态，因为身心是一体的，身体失调对心理健康的影响是巨大的。

179 ···· 第 7 章

管理情绪，调控感受

帮助孩子和自我调节可以从三方面着手：教孩子认识和调控情绪、提升积极情绪、管理消极情绪。

215 ···· 第 8 章

建设关系，心怀感恩

我们给予孩子爱和支持，不是因为孩子达到了我们所期望的标准，而是在他们和我们所期望的不一样的时候，尤其要给予他们爱和支持。

第 9 章

管理压力，达致平衡

孩子既不能因压力过大而导致身心受创，也不能因压力过小而导致心理免疫力缺乏。孩子能应对的积极的压力最有助于他们的身心健康和韧性发展。

第 10 章

解决问题，有效应对

有一类孩子会经常处于跟挫折和失败反复打交道的状态，那就是解决问题和应对技能不足的孩子。好消息是，解决问题和应对挫折的能力是可以教的。

第 1 章

心理韧性
是什么

为什么孩子必须有韧性

我有一个相距很远的朋友，多年不见后相遇，他专门抽出时间与我聊了他的小儿子。

这个孩子可以说是我看着长大的，从小就很出色。我记得曾有朋友结婚，请这个孩子当花童。这个孩子当时只有六七岁，穿着小西装，在熙熙攘攘的人流中自己等着入场，他的父母都坐在客人席上，他不需要父母帮忙。在婚礼上，这个孩子从容镇定、举止得体的样子让大人们都觉得他将来必成大事。我对这个孩子的另一个深刻印象就是，他妈妈特别偏爱这个儿子，对大女儿却总是有些苛责，我现在还记得她用非常富有情绪的语调说大女儿笨、不听话，而小儿子聪明伶俐又乖巧。她说，儿子在三四岁的时候，每当她与他说一件事，他往往会确认性地反问："你的意思是……"

这个孩子后来考上了本市顶尖的高中，在学校也是好学生，高中毕业后考上了美国的一所著名大学，修了一个热门的专业。大好的青春年华，正是海阔凭鱼跃、天高任鸟飞，前途不可限量。

然后，这个孩子在进入大学不久后就出现了心理问题，抑郁、焦虑，为了减压和让自己感觉良好，开始使用一些成瘾性的物质，最后导致有时神志都会出现错乱。也许在高中期间，这个孩子就已经出现了一些心理问题，只是他的父母不知道。到了大二，这个孩子的心理问题严重到需要休学。在校和休学期间，学校和家庭动用了各种资源为他提供治疗。一年后，一贯优秀的他不甘心放弃学业，又回到学校，但不久之后再次退学。

朋友与我见面时说，他已经尽了全力给孩子支持，帮助孩子减压，告诉孩子即便大学不能毕业也没什么大不了，也给孩子找了最好的心理治疗师，但孩子依然时好时坏。他需要工作，不可能整天在家里陪孩子。人虽然在单位，但是心里却惦记着家里的孩子，令他心力交瘁，他也得了心脏病。

我也问起他的大女儿。他的大女儿反而很不错。她虽然没有考上弟弟那个级别的名校，但是在大学毕业后，找到了一份稳定的工作，交了男朋友，孝敬父母、照顾家庭，过着稳定幸福的生活。

这位朋友是个厚道人，对孩子也不偏心，当然对儿子也曾寄予厚望，岂料出现了这样的结果。我很同情他，由于我在他们所在的地区没有心理治疗的执照，因此不能给他提供专业的治疗建议，但是我给他推荐了一些书籍，并且很坦率地提醒他，一定要及时治疗，注意孩子可能出现的危险。

大半年之后，我在国外收到了这位朋友群发的一条消息："儿子离开了。他把痛苦留给了我们！"

* * * * * * * * * *

广州有一位在家长圈里很有影响力的育儿专家（为方便讲述，就称他为老 D）。在儿子一两岁的时候，老 D 的妻子和他离婚了。老 D 辞去了工作，搬到郊区过农耕生活，靠种菜、养鸡、捡废品及接受资助生活，全心全力抚养儿子。

据老 D 自己说，在十年间，他给儿子做的菜从来没有重复过；为了让儿子学好英语，他在儿子 3 岁之前，就用全英语与他交流。儿子的成长历程都被老 D 精心记录下来，十年间他为儿子拍摄了 20 万张照片，用坏了 5 部照相机，还建立了儿子的成长博物馆……

在老 D 的精心培养下，儿子各门功课的成绩都名列前茅，拿过很多运动证书，高中还拿到了国际学校的全额奖学金。儿子在日常生活中热心助人，也热心公益，还曾为疫情中的武汉捐款捐物。据说，他在读高三时，就可以担当同声传译了；在托福考试中，他考出了离满分只有 2 分之差的好成绩。

在过去十几年里，老 D 在网站和微信公众号上分享了他抚养儿子的日常和教育心得，发表了近千篇文章，累计有上亿次的点击率，粉丝数达一百多万，是南方地区颇有名气的"育儿专家"，广州的很多家长都会带着孩子去老 D 的农庄游玩和取经。

2020 年，老 D 的儿子顺利地被美国一所著名的大学录取。

2021 年春天，这个风华正茂的年轻人在大学校园内自杀身亡。

据说，听到这个消息，广州的很多妈妈都失眠了。

* * * * * * * * * *

　　每次看到这样的案例，都让我对这些年轻生命的逝去深感痛惜，也对这些失去了孩子的父母充满了同情。这些案例也一再让我思考，我们做父母的，辛辛苦苦养育孩子究竟是为了什么？我们到底要把孩子培养成什么样的人？

　　我认为，我们养育孩子，首先，最基础的，应该是让孩子成为一个幸福的普通人；在这个基础被夯实之后，再追求成功和卓越；在此基础上，如果行有余力，再追求社会影响力和对世界的贡献。

　　也就是说，在教育的目标上，我们应该遵循金字塔模式（见图1-1）。金字塔的底部是我们对孩子最基本的教育目标，也是社会上大多数孩子可以实现的目标，那就是做一个幸福的普通人。就像我朋友的大女儿那样，上一所普通的学校、做好一份平凡的工作、谈一段适合自己的恋爱、组建一个安稳温馨的家庭、节假日探亲会友、带孩子去不需要高消费的地方享受天伦之乐……这不就是我们大多数人正在过或想要过的幸福生活吗？

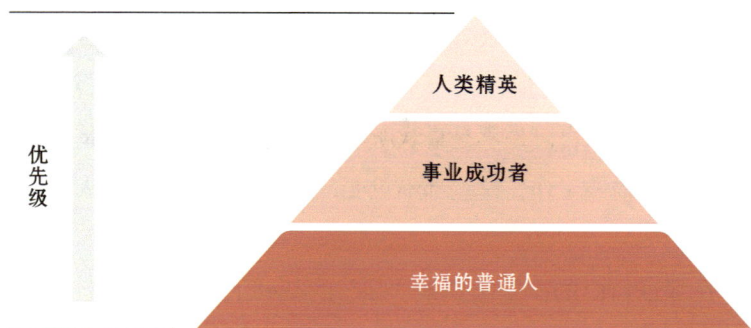

图 1-1　我培养孩子的目标

如果孩子有才能、有理想、在某方面有爱好和激情，我们当然要充分地支持和培养孩子，在孩子懒惰懈怠的时候督促他们，帮助孩子充分地发掘潜力，长大后事业有成、自我实现。但这一切必须是在保障孩子身体和心理健康的基础上进行的，是在能够拥有普通人的幸福的基础上升级的。

如果孩子特别有天赋和追求，心志高远，也有适当的机会，我们当然要鼓励孩子去发明、去创造、去影响社会，甚至立志把人类带向外太空，成为那些引领人类和改变世界的少数人类精英中的一员。但是，我希望这样的卓越者也能身心健康、家庭幸福、有自己的兴趣和爱好，做一个完整和幸福的人。

不过，一些在某方面有卓越才能者，其心理和生活是非常态的，甚至是所谓的"生活弱者"或"天才型精神病人"。他们的异常，既造就了他们的天分，也使得他们难以拥有普通人的幸福。对这极少数天才，我们就接纳他们的不同寻常，并且尽可能地爱和支持他们吧。

遗憾的是，很多家长对孩子的教育目标是反过来的。首先就是要孩子学习好、才艺出众，上名校、找高薪工作，甚至成名成家、光宗耀祖。孩子自己是不是喜欢所学的才艺或专业、是不是热爱自己所做的事情或工作，这些都不重要，重要的是要超过别人，做人生赢家。

在保证自己的孩子比别人"强"的基础上，家长可以"开明"地考虑孩子的兴趣和爱好，让孩子在一定程度上选择个人志趣，按照自己而非家长的意愿来选学校、选专业、选工作、选爱人、选生活方式，追求自我实现。

而对孩子心理健康和幸福能力的培养，则被很多家长所忽视，成为金字塔最低端、最后才考虑的事。我周围有很多家庭，孩子从小到大，家长除了关心他们的吃喝拉撒外，就是在学习和才艺上下了很多功夫，但从来没有就孩子的心理困扰跟孩子做过深度的谈心，也从来没有教过孩子积极思维、情绪管理、人际沟通、做家务等人生技能，往往是在孩子出现了心理或行为问题之后，才开始关心孩子的心理问题。

重视孩子的成功，这本身并没有错。关键是，你是否先帮助孩子打好了身心健康和人生幸福的基础。如果没有做到，这些所谓的成功就是一所建在沙滩上的倒金字塔（见图 1-2），一个浪打来就会垮塌一地，甚至还会形成一个坑洼。

图 1-2　很多家长培养孩子的目标

多年从事孩子的心理教育及对家长、老师和咨询师的培训，我见过太多的案例：老师的孩子因心理问题而辍学，成功企业家、高学历父母的孩子因抑郁而徘徊在自杀的边缘……就像我在本章开篇讲的我朋友的孩子及广州那个育儿专家的孩子一样，很多孩子很聪明、有才能，确实上了名校，毕业后也找到了好工业，挣了很多钱，但最后连普通人平凡的幸福都没有，这样的成功又有什么意义？很多家长流着眼泪对我说："过去我对孩子的要求是：一定要学习好、上名校、找好工作。后来，孩子出现了心理问题，我对孩子的要求是：能正常上学、正常生活就好。现在，我对孩子唯一的希望就是：能活着就好！"

无论是成为幸福的普通人，还是追求自我实现，抑或是成为人类精英，一个必可或缺的素质就是：具备心理韧性！

什么是心理韧性

心理韧性（Psychological Resilience），简称韧性，也被称为抗逆力、抗挫力、复原力、回弹力等。按照美国心理学协会的定义，韧性是指在遇到困难、逆境、创伤、灾难等重大的压力源时（比如，家庭或人际关系问题、严重的健康问题，以及工作上和经济上的压力因素等），人们能够良好应对的过程，即在经历挫折和挑战后能够恢复原状。

因此，韧性可以被看成一种积极的适应力。当一个人遭遇日常生活压力或重大打击时，他内在和外在的平衡感往往会遭到破坏。大家可以想象，这时人的心理状态就像一个弹簧被压下去一样。当人通过心理力量的调整而达到了新的平衡时，这个弹簧就会弹回原来的位置，所以韧性也被称为"回弹力"。

但是，积极心理学认为，仅仅作为"回弹力"恢复原状并未展示出韧性的全貌。压力也可能会对人产生积极的影响。一些人经历负面事件的挑战后，在重整内心的平衡时，他们的心理状态重建在了一个比经历挑战前更高的水平，也就是说，他们的心理弹簧不仅弹回了原来的位置，而且进一步弹到了更高的水平，这被称为"创伤性成长"。因此，我们也可以将韧性视为逆境中的一种"成长力"，这种"成长力"有点像我国文化中所说的，历经艰难，凤凰涅槃。

因此，我们可以将心理韧性重新定义为：**心理韧性是指在遇到困难、逆境、创伤、灾难等重大的压力源时，人们能够良好应对的过程，即在经历挫折和挑战后不仅能够恢复原状，甚至能够获得成长。**

* * * * * * * * * *

心理韧性并不是极少数天赋异禀者才具备的一种稀有的能力，而是所有人都具备的对环境的适应和调控能力，只不过表现程度有所不同而已。

我们可能都认识一些非常坚韧的人，他们似乎在面对艰难与困境的时候也能保持斗志。实际上，心理韧性强的人会主动寻求新的、有挑战性的体验，因为他们明白，只有通过挣扎与努力，通过迫使自己不断挑战极限，才能扩展自身的能力。他们虽然不会主动涉险，但在面对有风险或危险的情境时不会畏缩。有心理韧性的人懂得失败并不是终点，当他们没有取得成功时，他们不会气馁。相反，他们能从失败中找到价值和方向，并运用自己从错误和失败中学到的经验继续向上攀登。心理韧性强的人掌握了一些应对问题的方法，让他们能够通过思考和行动，积极地激发自身能力并解决问题。心理韧性强的人与我们一样，也会感到焦虑和沮丧，但他们懂得如何避免让负面情绪压倒自己，因此他们能够从容地处理危机。

对心理韧性的研究表明，心理韧性可以引导或有助于很多积极的结果，包括：

- 更强的适应力，从而提高学习成绩；
- 更强的解决问题能力和抗压能力；
- 体验更多的积极情绪，更好地调节消极情绪；
- 减轻抑郁、焦虑和创伤后遗症的症状；
- 增强免疫系统功能，降低因生病而导致的缺勤；
- 身体更健康、疾病后恢复更好、死亡率更低；
- 减少冒险行为，包括酗酒、吸烟和吸毒；
- 更多地参与家庭和社会活动；
- 老年人的幸福感得到提高。

【思考与练习】

韧性英雄榜

在你知道的人中，心理韧性最强的人是谁？请列出三个人（可以是你身边认识的人，也可以是历史人物、公众人物或书籍和影视作品中的人物），然后思考一下，你从他们身上学到了什么？

1. 人物：_____

   我所学到的：_____

   _____

   _____

2. 人物：_____

   我所学到的：_____

   _____

   _____

3. 人物：_____

   我所学到的：_____

   _____

   _____

构建心理韧性的四种模式

我们先来看四个人的故事。

故事 1：冰花男孩王福满

2018 年年初，我国云南省昭通市鲁甸县一个叫王福满的留守儿童，因头顶冰霜上学的照片而被称为"冰花男孩"。

王福满就读转山包小学三年级，学校离家 4.5 千米，而且没有交通工具。他的父母都在外地打工，因此他每天都是独自走一个多小时的山路去上学。2018 年 1 月 8 日，当地气温降到零下 9 摄氏度。在严寒下，衣着单薄的王福满走到学校，进入教室后头上顶着厚厚的冰霜，同学们看到他的样子都笑了起来，他也憨厚而天真地大笑。这一幕被他的老师拍了下来，这位留守儿童一头冰霜、满手冻疮的照片在网络上热传。人们不仅心疼留守儿童的艰苦，更为冰花男孩乐观的性格和坚韧的吃苦精神而感动。

故事 2：高位截瘫的朱铭骏

2013 年 7 月，22 岁的消防员朱铭骏在一次军训中从单杠上摔下来。他苏醒后发现自己的头部以下已全无知觉。他的脖子被医生开了个孔，安上了一根塑料管，这根塑料管连接着呼吸机。朱铭骏无法接受这样的现实，他试图咬舌自尽，但没有成功。他连自杀的能力都没有，不得不"活着"。

为了挨过度日如年的痛苦现实，朱铭骏开始用嘴咬着电容笔上网。除了玩游戏消磨时间外，他每天都会花大量的时间在"截瘫吧"和"绝症吧"上，他后来回忆说："我当时就是想看看和我一样惨，或者比我更惨的人，这样我才会好受一点。"

2016 年，朱铭骏读到一本名为《遗愿清单》的书，书里提到了心理学，引起他对心理学的好奇。他还在网上结识了一名心理咨询师，对方不仅给了他很多安慰，还鼓励他学习心理学。朱铭骏意识到，如果他想过有意义的余生，做心理咨询对他这个还有脑子和嘴巴可用的人来说，是一个很好的选择。于是，他开始学习心理学，逐渐从人生阴霾中走了出来。2018 年，他自考了资格证，成了一名心理咨询师，开始在家里营业。

在咨询时，他会用侧躺的方式"面对面"地和客户交流，他意识到心理咨询或许是最适合自己的工作，"我的经历，让我很容易和客户共情。"他开始是为成年客户服务，后来则把咨询对象定位于青少年。"我也经历过崩溃、痛苦、绝望，我从没有想过，有一天我会以一名心理咨询师的身份帮助有心理问题的朋友，这就像是在拯救同类，我帮助他们从黑暗走向光明。"

故事 3：被收养的罗马尼亚孤儿

1989 年年底，人们发现，在罗马尼亚的孤儿院里，有数千名婴幼儿生活在过度拥挤、刺激不足的环境中。这些弃婴营养不良、情绪消极，每天大部分时间，他们都会静静地躺在自己的小床上，除了墙面之外，他们看不到任何东西，很少和其他孩子或照料者接触、玩耍或交谈，周围甚至连噪声都缺少。结果是，大部分孤儿到了两三岁仍不会走路、不会说话，年龄稍大一些的孩子则茫然地独自玩耍。研究人员发现，这些孩子颞叶的激活水平特别低，而大脑的颞叶部分主要负责情绪管理及接收听觉信号。

此后，一些加拿大人领养了这些罗马尼亚孤儿。在刚被领养时，所有孩子在动作、语言、心理及社会关系等方面都发育迟缓，其中大约 80% 的孩子的各方面表现均落后于平均水平。三年后，与留在罗马尼亚孤儿院的孩子相比，许多被加拿大家庭领养的孩子则表现出明显的进步。越是年龄小被领养、在孤儿院待的时间越短，孩子后续的恢复情况就越好。

故事 4：莉丝·默里的风雨哈佛路

1980 年，莉丝·默里（Liz Murray）出生在美国纽约一个百孔千疮的家庭。小时候，她和姐姐跟父母住在一起。莉丝的父亲智力超群，对电视里的智力比赛节目，他几乎都知道答案。但是，他酗酒、吸毒，而且缺乏社交技巧，也没有责任心，后来流落到无家可归者中心。莉丝的母亲则患有精神分裂症并吸毒。于是，莉丝被带走并被送进社会监护中心。在莉丝 15 岁时，她与母亲和姐姐一起搬去与外祖父同住。一次，在与外祖父发生争执后，莉丝与一个在家里受到虐待的女同学一起离家出走。

在颠沛流离的生活中，莉丝捡垃圾，住过收容所，睡过地铁站，从一个朋友的住处搬到另一个朋友的住处……偶尔，她还要回家去照顾父母。

在莉丝 16 岁时，她因为母亲去世而深受震撼，并开始刻苦学习，以期改变自己和家庭的命运。她在两年内完成了本该四年完成的高中学业，成为一名明星学生。在《纽约时报》赞助的一项征文比赛中，她获得了大学奖学金。2003 年，莉丝被哈佛大学录取，获得了心理学学士学位，2009 年又获得了哥伦比亚大学教育心理学硕士学位。此外，莉丝还创办了自己的公司 Manifest Living，以激励和帮助他人克服逆境。她也成为一位励志演说家，并且有了幸福的家庭，生育了两个孩子。

* * * * * * * * * *

曾有研究韧性的权威学者用一幅图说明了构建心理韧性的四种

模式（见图1-3）。

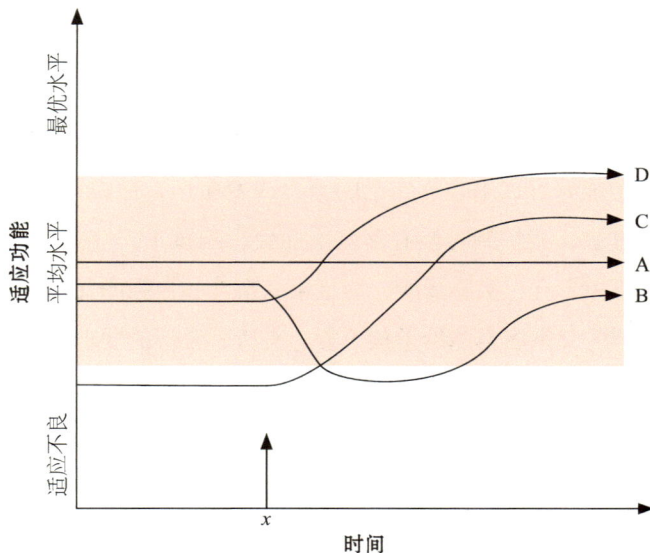

图 1-3　构建心理韧性的四种模式

注：A、B、D 三者的适应功能的起点都是平均水平，分开画是为了看图方便。
资料来源：masten，2014.

模式 A：冰花男孩王福满的心理韧性属于模式 A，即一个人相对稳定的良好功能得以延续。虽然在某些时间段（图中的 x 时间段）会经历一次严重的创伤，或者在 x 时刻前后会经历一段长期的逆境，比如，经历战争、遭受家庭暴力，或者像冰花男孩一样成为留守儿童。虽然像冰花男孩一样的孩子的适应能力可能会有所波动，但是他们的功能基本上都处于一个正常的状态下，符合在生活中健康成长的目标。

就像冰花男孩一样，模式 A 中的孩子通常会引起周围人的注意，因为他们虽然在艰难困苦中长大，但是却在学校和社会上表现很好。随着对韧性研究的深入，类似冰花男孩这样经历生活挑战却具备良好功能的秘密已经被揭示出来，即这些孩子拥有一些保护性因素。以冰花男孩为例，在他因老师拍的照片而成名后，有不少人提出要给他资助。冰花男孩的父亲在感谢大家之余表示了拒绝，他希望孩子能好好读书，靠自己的努力改变命运，他说："关注的热度总会过去，我怕到时候有落差反而会影响孩子。"由此可见，这是一位不卑不亢、头脑清醒，而且崇尚奋斗和自强的父亲。不难想象，这样的父亲应当能给予孩子爱、支持、合理的要求和期望，成为孩子韧性发展的积极资源，这就能解释为何冰花男孩在贫困艰苦中能保持积极乐观的态度和吃苦耐劳的精神。

模式 B：高位截瘫的前消防员朱铭骏的心理韧性属于模式 B，这种模式代表了一种以创伤和恢复为特征的韧性途径。与朱铭骏一样，这个模式中的人从小有着正常的生活状态，直到他们遭遇人生中巨大的创伤（图中的 x 时间段），这时他们的适应功能出现了急性的、明显的下降，比如，朱铭骏在残疾后曾一度非常绝望并尝试自杀。但随着个体逐渐恢复正常机能，他们的适应功能得到了改善。对于有些人，这个过程相对比较短暂，发生一场严重的危机，然后快速地恢复；而另一些人，则需要更长的时间去恢复。对朱铭骏来说，这个过程花了他至少三年的时间，直到他 2016 年接触到心理学。此后，他继续学习，并成为一名心理咨询师，他本人的适应功能也基本上恢复到受伤前的状态。

模式 C：被收养的罗马尼亚孤儿的心理韧性属于模式 C，这种模式代表了最初处境不利的人在逆境逐渐转好后功能正常化的过程。处于这种模式下的人最初处于不利状态，他们的适应功能明显低下，但是，他们适应和发展的质量随着时间的推移而发生了重大变化，从最初的功能不佳到此后的功能良好。当对那些生活在极端贫困或长期逆境条件下的个体进行干预、使他们的生活状况或教育等资源显著改善时，这种模式是干预者期望达到的状态。以罗马尼亚孤儿为例，当时很多孩子从无法满足孩子成长需要的孤儿院来到了收养家庭，他们的生活状态和教育条件得到了巨大的改善。尽管这些孩子中有一部分仍存在一些遗留问题，尤其是那些在孤儿院生活了很长时间的孩子。但是，很多被跨国收养的罗马尼亚孤儿在生存条件改善之后，在发展方面表现出了显著的改善，能够像正常孩子一样健康成长。

模式 D：莉丝·默里的心理韧性属于模式 D，这种模式代表了创伤后的成长。莉丝从小的生活状况就很差，但也许是因为她在智力方面具有优势，以及多多少少得到过家人的爱，她奇迹般地拥有正常的适应功能，不仅没有染上毒瘾，而且智力和情绪的发展也处于正常状态。她的生活在 15 岁至 16 岁期间（图中的 x 时间段）变得更加糟糕，一度流落街头。但是，街头生活教会了她在课堂上没有学到的功课，母亲的离开让她深受打击，她也因此而奋发。她决心不让环境决定自己的未来，她要克服这些逆境，改变自己的生活。因此，在经历了逆境之后，她的适应性功能反而得到了改善，她像凤凰涅槃一样，从逆境中获得了成长，取得了很多比她条件更好的孩子都无法取得的成就。

总之，心理韧性是一个广义的概念，有很多条路径可以通向它，也可以远离它。鉴于人们生活的复杂性和多种因素对儿童和青少年适应与发展的影响，有很多的途径可以培养心理韧性。

【思考与练习】

韧性英雄的模式

在上面的"韧性英雄榜"中你列出的韧性英雄，他们形成韧性的模式是哪一种？

你的韧性是如何形成的？属于哪一种模式？

你的孩子的韧性是如何形成的？属于哪一种模式？

1. 人物一：_____

   韧性模式：_____

   _____

2. 人物二：_____

   韧性模式：_____

   _____

3. 人物三：_____

   韧性模式：_____

   _____

4. 我的韧性模式：_____

   我所学到的：_____

5. 我的孩子的韧性模式：_____

我所学到的：_____

_____

影响孩子心理韧性发展的因素

你一定希望自己的孩子有坚韧的品质。那么，人的韧性是从哪里来的？为什么有些人心理无比强悍，而另一些人却有一颗玻璃心？决定人与人之间的差异是什么？

影响人的韧性的因素是多方面的，包括遗传和生理因素、环境因素、社会心理因素、个人特质等。

鉴于影响韧性的因素错综复杂，心理学家通常会用风险性因素和保护性因素来概括影响韧性的因素。

我们可以把心理韧性想象为一个跷跷板，一端是风险性因素，另一端是保护性因素，心理韧性是这两个因素平衡的结果（见图1-4）。当风险性因素占据优势时，孩子的心理韧性就偏弱，他生命的跷跷板就倾向了适应不良与发展不佳的方向；而当保护性因素占据优势时，孩子的心理韧性就偏强，他生命的跷跷板就倾向了适应良好和积极成长的方向。因此，**心理韧性的培养和干预，说到底，就是提升保护性因素、降低风险性因素的过程**。

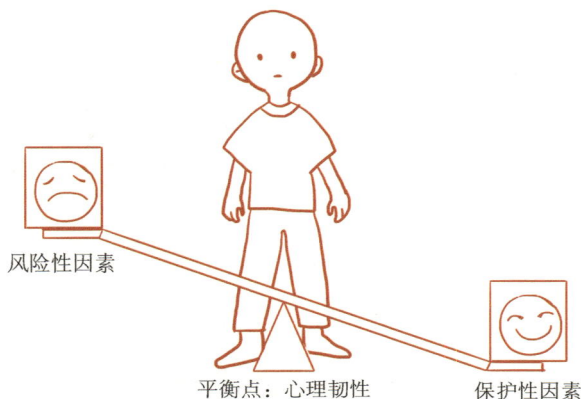

图 1-4　心理韧性是保护性因素与风险性因素的平衡

风险性因素

平衡点：心理韧性　　　保护性因素

1. 风险性因素

风险性因素也被称为危险性因素（Risk Factors）。什么叫风险性因素？以身体健康为例，研究者在考察对某种疾病产生影响的因素时，会提及风险性因素，这些因素会增加负面结果产生的可能性。比如，对心脏病来说，家族遗传、不健康的饮食、缺乏锻炼，这些都会增加人罹患心脏病的可能性，因此，家族遗传、不健康的饮食及缺乏锻炼对心脏病来说就是一些风险性因素。

对个体心理韧性产生影响的风险性因素主要有两大类：先天的和内在的因素，以及外部环境中的不利因素。先天和内在的因素包括孩子先天的智力、气质和人格类型等，如低智商、高冲动性、边缘型人格障碍、反社会人格等；外部环境方面的因素包括战争、饥荒等恶劣的社会大环境、高犯罪率等不佳的社区环境、不良的学校环境、不利的家庭社会经济地位、破碎的家庭、家庭成员之间的严重或长期冲突、父母不良的养育方式、不良同伴的影响、长期的较大压力等。

　　上述两大类风险性因素，不仅能独立地对人产生不利的影响，而且两者之间往往相互影响，产生负面效应叠加的恶性循环。比如，一个具有反社会人格的孩子，出生在一个不良的社区、贫困的家庭且父母不擅长教育。由于具有反社会人格倾向的孩子比较难以管教，父母倾向于对孩子缺乏喜爱和耐心，打骂和训斥较多，而家庭的穷困、父母爱的不足和教育的不当，又会激发和强化其人格中的反社会性，而他的不良行为又进一步使周围的人对他产生排斥，从而让他加入不良青少年的集团，最终在成为问题青少年的路上越走越远。

【思考与练习】

风险性因素清单

　　请列出一个你所关心的孩子在发展中的风险性因素，包括先天的和内在的因素，以及外部环境中的不利因素。这个孩子可以是你的孩子、你的学生、亲戚或朋友的孩子，也可以是童年时的自己。

1. _____

2. _____

3. _____

4. _____

5. _____

那么，是不是遭遇了不良经历的儿童和青少年，就必然会出现韧性不足的情况？在很多对充满了风险性因素的儿童和青少年的研究中，专家们发现，虽然风险性因素对个体的健康发展产生了威胁，但大部分个体并没出现适应不良的情况；相反，他们能够正常地成长和适应，甚至能够在压力、逆境和创伤的环境中成长良好，就如同此前我们介绍的一些被收养的罗马尼亚孤儿、中国的冰花男孩、美国的莉丝·默里一样。那么，是什么因素让他们在风险因素中适应良好，甚至凤凰涅槃？为什么在同样的不利环境中，有些人适应不了，而有些人却能够健康成长，甚至超越了生活在良好环境中的人？这就引出了关于保护性因素的研究。

2. 保护性因素

保护性因素是指那些能够帮助个体提升能力、促进个体发展并成功适应的生理、人格及社会等方面的资源。保护性因素能够降低风险性因素所导致的出现不良适应的可能性。

很多研究者都将韧性机制从操作上定义为具体的保护性因素产生作用的结果。目前，研究者较为一致的结论是，在心理韧性的形成及发展过程中，起关键缓冲作用的是保护性因素，而保护性因素又可以分为不同的种类。

现在，学界公认的有助于儿童和青少年心理韧性发展的保护性因素主要有以下三个方面。

☆ **孩子的个人特质**：包括聪明、外向、随和、自尊、自信、有良好的情绪管理能力、人际能力和执行能力、有自我成长的意愿、建立了对自己生活环境的掌控感、能发展适应性策略以有效地应对困难等。

☆ **孩子的家庭因素**：包括良好的家庭社会经济状况、父母积极的育儿方式、孩子与至少一名情绪稳定的成年人建立了稳固而紧密的关系等。

☆ **孩子的环境因素**：良好的学校、社区和社会环境、文化传统、政策，以及同伴支持等。

总之，**心理韧性是个人与环境互动的结果，是保护性因素和风险性因素平衡的结果**。要增强孩子的心理韧性，首先要减轻环境危害或过度的压力情境，并给孩子在家庭内外都提供社会支持，与此同时，要主动帮助孩子发展应对能力，构建内在的心理资源。本书的 "TOUGHEN UP" 九大能力，说到底，就是一些能够提升孩子心理韧性的保护性因素。

【思考与练习】

保护性因素清单

请列出一个你所关心的孩子在发展中的保护性因素，包括内在的和外在的因素。这个孩子可以是你的孩子、你的学生、亲戚或朋友的孩子，也可以是童年时的自己。

1. _____
   _____
   _____

2. _____
   _____
   _____

3. _____
   _____
   _____

4. _____
   _____
   _____

5. _____
   _____
   _____

第 2 章

忍耐挫折，
心理免疫

不需要"忍"的人，以及"忍不住"的人

3 岁的孩子，得不到自己想要的玩具，会有什么样的表现？是得不到就算了，还是又哭又闹，满地打滚？

5 岁的孩子，认真地搭乐高，但是一个多小时都没有搭出图中的飞机。这时他会有什么样的反应？是歇一歇再搭，或者请人帮忙，还是把乐高摔到地上，发脾气？

上小学的孩子与小伙伴闹矛盾，或者因某件事而被老师或家长批评，孩子是想办法解决问题、改正错误，还是会好几天都闷闷不乐，甚至觉得周围的人对自己都不好？

读高中和大学的青少年，遇到学习、求职或人际关系等方面的挑战，是能够有效地克服困难、自我提高，还是焦虑、抑郁，甚至自残或产生自杀的念头？

一个成年人，工作压力大，家庭事务多。回家的路上遇到堵

车，或者在家里遇到孩子闹、配偶唠叨，是耐心应对或解决问题，还是一触即发、大发雷霆？

"孩子特别不能忍受挫折，我该怎么教育他？"

"孩子有一颗玻璃心，完全说不得，我该怎么办？"

"我压力大到爆发了，怎么才能让自己平静下来？"

心理学确实有很多抗沮丧、抗焦虑的方法，比如，做深呼吸、练习正念、数到十等。尽管这些方法也是有效的，但如果我们能从一开始就不对所遇到的一切都产生沮丧和焦虑，岂不是更好？

* * * * * * * * * *

我在哈佛读研究生的时候，跟一家住在波士顿的中国朋友经常来往。一天，有外地朋友来访，他们夫妻便郑重地请包括我在内的几家人去当地的一家热门中餐馆聚餐。他们夫妻和本地的朋友共开四辆车带大家走。那时 GPS 和智能手机还没有普及，离开家的时候，丈夫对妻子表示，当地朋友知道那个餐馆怎么走，可以让那个朋友坐到他妻子的车上指路。妻子则回答："不用，你说一下怎么走就行，我能找到那家餐馆。"听丈夫指点了一下路之后，妻子就带着我、他们女儿及另外一位女士上路了。

结果，车开着开着，她就疑惑了，下错了高速路口。她给丈夫打电话问路，丈夫告诉了她，但是她还是东拐西转找不着正确的路。她给丈夫打了好几次电话问路，也走错了好几次路，才终于到达餐馆，那时已经比预定开席的时间晚了半个多小时。穿过很多坐满了食客的桌子进到最里面，看到丈夫和其他先到的人已经先开席了。我心里隐隐地有点紧张。

见到我们来，丈夫乐呵呵地说："我们先吃了。服务员说有人等位，我们必须马上点菜。菜上来了，不吃就凉了。来，再给你们加几道菜！"妻子笑眯眯地说："我觉得我能找到这个地方，没想到上路之后就糊涂了！"说罢，夫妻俩便若无其事地招呼我们一起入座吃饭，宾主尽欢。回程的时候，我跟他们夫妻俩同坐一辆车，俩人谈笑如常，谁都没再提迟到和先开席的事。

如果同样的事情发生在你们夫妻之间，或者其他家庭成员之间，会是一种什么样的情景？

我觉得大部分家庭，当着那么多朋友的面，会忍住不说什么，但事后可能会互相埋怨。丈夫会说："我说让认路的人坐你的车，你还逞能，结果晚到那么长时间！我们坐在那儿干等，餐馆服务员还催我们：如果不点菜就要让位；点了菜，吃也不是，不吃也不是！"妻子可能会反唇相讥："是你指路指得不清楚，我才找不到地儿！再说我们也就晚到了半个多小时，你们就不能再等一会儿？就先吃了，多不给我面子！"有的夫妻可能在餐馆里就控制不住沮丧的情绪了，丈夫说妻子笨，妻子充满怨气地瞪着丈夫，让席间的朋友也感到尴尬；也有的夫妻可能并不会讨论此事，但丈夫黑着脸，妻子怄着气，家里好多天都笼罩着乌云。

试想，如果是上述任何一种情景，夫妻之间会是一种什么样的体验？当观察到父母之间的这种紧张气氛，孩子会有什么样的感受？进一步来说，长期目睹父母处理不顺心事情的方式，孩子会学到什么样的应对挫折的方式？

　　与波士顿这家人相处久了，我发现很多通常会让人们感到受挫和着急的事，在他们夫妻身上都能云淡风轻地过去，甚至笑呵呵地对待。出于一个心理学人的好奇心，我还专门问过他们：为什么对很多人会生气和着急的事，他们却能做到不生气、不着急。他们给我的回答是："因为在我们家，这些根本就不是事儿，根本就不值得我们生气和着急。这些鸡毛蒜皮的小事算什么啊？压根没什么！"

　　有人说，这对夫妻之所以能把让人生气和着急的事不当回事，是因为他们脾气好。是的，他们确实是两个性格温和的人。但是大家想过没有，"脾气好"这种性格特点的底层逻辑是什么？

　　如果对不顺心的事，你特别烦，但你能忍住心烦的感觉，不爆发、不抱怨，那叫修养好；而脾气好则是对于别人觉得不顺心的事，他们压根就不当回事，他们对此并不觉得心烦，因此他们根本也就不需要忍！

　　现在，很多专家都会教人们一些应对压力和挫折的技巧，比如，在你感到沮丧、有挫折感或压力爆棚的时候，离开所处的情境、做深呼吸等。这些技巧确实能够帮助人们压住或转移即将爆发的情绪。也就是说，这些技巧是在教人们控制自己，能够忍耐。但是，"忍"毕竟是"心字头上一把刀"，虽然我们可以做到，但是我们却会很难受，忍受和忍耐是要付出很多心理能量的。极少有人问一个更加基础和深入的问题，那就是：如果我们根本就不会为这些事情感到沮丧，根本就不需要忍呢？我们不就不需要耗费那么多心理能量来抑制自己了吗？如果我们根本就不需要忍，我们的心理韧性不就自然地强大起来了吗？

挫折忍耐力——比情绪控制更基础的能力

"需不需要忍""是不是拿不顺心的事当回事"，这些日常现象，在心理学上还真是个科学概念，叫"挫折忍耐力"（Frustration Tolerance，FT），简称为"耐挫力"。耐挫力是一个人接受或克服障碍并承受压力事件的能力。当以目标为导向的行为被延迟或挫败时，人们会对未满足的需求或未解决的冲突感到不满和沮丧。简单地说，**耐挫力就是一个人在多大程度上能够忍受不顺心的事情和不愉快的感觉，在多大程度上能够接纳和容忍压力与挫折的能力**。每个人耐挫力的阈值都是不一样的，阈值高的人有高耐挫力，阈值低的人则有低耐挫力。

耐挫力特别高的人可以承受令一般人烦恼甚至十分痛苦的事件或环境，而不会打扰到他们内心的平静，比如，波士顿的那对夫妻，丈夫不会因为妻子迟到而感到生气、沮丧或产生其他负面情绪，同样妻子也不会因为丈夫先开席而产生其他负面情绪。相反，耐挫力特别低的人则不能容忍任何的不顺心或压力，比如，堵车等一些别人觉得不足为奇的事情，都会让他们特别心烦、发脾气，或者为一些日常的小压力而感到非常焦虑、压力大到要崩溃。大部分人的耐挫力，应该是处在这两极之间的某个位置上。

影响耐挫力的因素

那么，是什么让人的耐挫力的水平有差异？心理学研究认为，这主要受三方面因素的影响。

1. 基因

研究发现，人与人之间感受力和气质的差异对如何应对压力有重要的影响。那些天生对刺激更敏感的人，他们的大脑对压力的反应更强，相应地，他们也就比较难以忍受挫折和压力。

这并不是说他们不能够忍受挫折和压力，但生性敏感的他们，比那些天生就对刺激比较迟钝的人，要付出更多的努力、掌握更多的技能、经受更多的磨炼，才能忍受同样的挫折和压力。

2. 当前的压力水平

不同的压力水平也会影响人的耐挫力。同样是路上遇到堵车，同样是家里孩子吵闹，你是作为"社畜""996"了一周之后对此更能容忍，还是来到青山绿水之间度假一周之后，对此更有耐心？

应对压力会消耗人的心理能量，而在特定的时间内，人的心理能量是有限的。当人把心理能量用于应对压力时，他们用来应对其他挫折的心理能量就会不足。如果一个原本修养很好的人，会因堵车而焦躁，或为孩子的吵闹而大发雷霆，那么这很可能是由于压力太大，导致他的挫折忍受力降低。

3. 过去的生活经验

孩子 3 岁的时候，得不到自己想要的玩具，会觉得这是莫大的挫败，气得又哭又闹。到了上小学或中学的时候，他回想起来，十有八九会觉得那样的行为很幼稚："一时得不到玩具，就等等，至于那么受不了吗？"但中小学阶段的孩子，却可能因为小伙伴不和自己玩，或者是被老师或家长批评而感到伤心、生气或与人针锋相对。但是等到长大成人，他们又会觉得，那点小事算什么？当年那些孤立我的小伙伴，现在我连你们是谁都记不住了；至于被家长或老师说几句，相比于后来所经历的被社会现实抽打，又算得上什么？

就这样，随着生活阅历的增加，随着我们越来越多地经历不顺心的事，我们敏感的神经被打磨得越来越粗糙，脸皮也越来越厚，我们的耐挫力在不断地增加。而那些在已往生活中一帆风顺的人，则没有经过这番打磨，他们可能依然会为一点小事而心惊肉跳、沮丧无比。越是经历过重大挫折而没有被击垮的人，耐挫力往往越强。试想，一个经历过生死考验的人，会因为一次考试失败而痛不欲生吗？我们的耐挫力绝对符合"杀不死我的，使我更强大"这一原理。

心理免疫力——心理韧性的实质

我多次被人问过同一个问题："我们小时候粗茶淡饭，没几件衣服，更没什么奢侈品，父母也不怎么管，整天在外面跑，还时不时地被父母打骂，也好好地长大了，心理上还挺坚强的。现在的孩子，生活条件比我们好多了，我们也尽心尽力地培养孩子，怎么孩子的心理问题反而变多了？"

要回答这个有关心理健康的问题，首先让我们思考一下身体健康的问题。

我们都知道，要孩子身体健康的最好办法，不是在每次孩子得病之后再去治疗，而是要提高孩子的身体免疫力，让孩子少生病。当然，如果孩子生病，还是要去治疗，而每次孩子在恢复了健康后，他们的身体免疫力都会有所提高。

那么，孩子的身体免疫力是怎么逐渐建立和强大起来的呢？往往，孩子最容易生病的阶段，是刚刚进入幼儿园的时候。现在的大部分孩子，在家里，都会被照顾得干干净净的，家里的人也比较少，接触的环境也相对单纯。而一旦进入幼儿园，就会接触到新环境、接触到很多人，于是孩子就开始比较频繁地感冒、发烧、耳朵发炎等。就这样病病好好，到了 6 岁左右，孩子的身体免疫力就基本建立起来了。

如果孩子从小一直生活在非常干净的家中，没有机会接触外界的有菌环境，确实会比较少生病。但是当孩子不可避免地接触了复杂的有菌环境时，若孩子没有完善的免疫力，他就会受到严峻的挑战，可能会大病一场，甚至一病不起。

根据统计，现在的孩子比过去的孩子、发达国家的孩子比发展中国家的孩子、城市的孩子比农乡的孩子更容易出现过敏和自体免疫性疾病。除对花粉、动物等过敏外，美国有很多孩子甚至对花生、谷物等常见的食物过敏。原因当然是多方面的，不过，学者们普遍认可的一个解释是"卫生假说"（Hygiene Hypothesis）。这种理论认为，一些孩子在幼年阶段因缺少机会接触传染源、共生微生物（如胃肠道菌群、益生菌）、蠕虫与寄生虫及多样化的食物等，从而抑制了他们免疫系统的正常发展，进而增加了患过敏性疾病的可能性。比如，有一篇医学论文的题目就是：不要害怕脏，玩泥巴能增强孩子的免疫力。

我认为，心理健康与身体健康一样，也遵循"卫生假说"的理论。我经常把韧性称为"心理免疫力"。和身体免疫力一样，心理免疫力强的孩子不容易出现心理问题；一旦出现了心理问题，心理免疫力强的孩子更容易恢复；而每一次战胜了新的挑战，都会让孩子的心理免疫力有所提高。

就像在少菌的环境里成长起来的孩子容易生大病一样，如果我们从孩子小的时候就对他们过度保护，不让他们感受不开心、不让他们体会失望，不让他们面临挫折和失败，孩子的心理免疫力就难以建立起来。当他们进入学校、走入社会，没有人会像家人一样对他们百般呵护。当他们不可避免地遭遇挑战和挫折时，一些孩子就会在心理上大病一场，甚至一病不起。

美国一位著名的女性心理学家，在她的书中写过这样一段经历。有一次，她排队办事，轮到她时才发现自己找不到信用卡。为了不耽误后面的人，她站到队伍旁边翻找信用卡，过一会儿找到信用卡之后，她又回到了队伍的前面。这时站在她后面的一个人说："你怎么插队？"她解释了原因，对方也就没有再说什么。

但就是这么一件小事，让她心里难受了好几天。因为对方的语言和表情让她觉得，别人在指责她没有公德。她一再对自己说："这是一件小事，已经过去了。"但是她心里依然很不舒服。于是，作为心理学家的她反思了一番："为什么这件小事竟然如此地困扰我？"她认为，那是因为自己，以及很多的好女孩，历来品格优秀，行为端正，总是被表扬，从未被批评过。所以，只要是被人说了一下，就特别难受。

心理学家的这个例子解释了为什么一些很乖、很好的孩子（特别是女孩），特别承受不了批评和失败。相反，倒是一些从小调皮捣蛋，经常被老师批评、被家长打骂的孩子，长大后反而特别坚韧强悍。当然，我不是鼓励家长打骂孩子，但是如果孩子从小都没有听过一句批评，将来走上社会，其心理韧性就堪忧。我就接触过一些名校的学生，因为与老师或同学有摩擦（在我看来对方算不上特别恶劣）或者学业不顺利，多次号啕大哭，心理严重失衡，精神几乎崩溃。

因此，要提升心理韧性，人首先要具备一定的耐挫力。提升耐挫力意味着你为自己接种了心理疫苗，让你更有免疫力去应对生活中不可预测的打击。可以说，心理韧性与我们管理挫败感的能力及此前建立的心理免疫力息息相关。

【思考与练习】

关于耐挫力的深入思考

就以下两个问题，写出你的想法，或者与孩子进行讨论：

1. 耐挫力越强就越好吗？会不会有耐挫力过强，以至于产生负面后果的情况？

2. 积极心理学鼓励人们寻求愉悦的情绪，活在当下；但耐挫力则要
求人们忍受不愉快、延迟满足。这二者是不是有矛盾？

（注：这两个问题没有标准答案。我的一些想法请见本章文末。）

提高耐挫力和心理免疫力的方法

好消息是，人们是可以通过对认知、情绪、行为和生活方式的
调节，来提升耐挫力和心理免疫力的。作为自我提升的训练，下面
这些方法既适合成年人，也适合青少年。

1. 降低对事事顺利的期望

人们之所以会感到沮丧，是因为期望没有得到满足。因此，当
我们无法改变现状时，可以改变对现实的期望。

我们需要学会接受艰难的处境，接纳不如意是生活的常态，就
像古人所说，"人生不如意十之八九"。与其抱怨为什么坏事总是发
生，不如接纳，生活本身就是充满挑战的。例如，如果你对路上经
常堵车感到心烦，不妨想一下，一个城市有几百万辆汽车，所以交
通拥堵是难免的。如果你总是为孩子"气人"而大动肝火，不妨想
一想，孩子就像一棵小树，成长的过程中难免会长出一些歪了的枝
丫，家长就像园丁一样，要耐心地修剪这些枝丫。当你可以平静地
接纳和积极地应对不顺心的事件时，你就能够更坚强地忍受挫折。

试想，如果孩子在寒冷的冬天，穿着单衣走好几里山路去上学，寒霜会冻红他们的手和脸，他们的头上会结满冰霜，孩子恐怕会觉得自己无比悲惨。但当这一切发生在冰花男孩王福满身上时，他的脸上却挂着天真的笑容。为什么？因为他从小吃了不少苦，这点冰花对他来说不算什么。

有人可能会说，如果我们对生活没有高期望，永远接受不理想的现实，那么个人和社会怎么能进步？

这是一个好问题。思考这样的问题，有一个方法叫"选择性不宽容"：如果某些事情是我们无法改变的，如天灾、亲人离开等，在这些情况下，我们最好的选择是重新设定自己的期望，通过接纳现实来调整情绪，这在心理学上被称为"情绪性应对"；而对于那些我们希望改变，且能够改变的事情，比如，改善环境、优化制度、改变关系、提升表现等，我们则可以降低容忍度、提高标准，从而让自己和外界做出改变，这在心理学上被称为"解决问题式应对"。不过，在提高标准、寻求改变时，我们也要做好遭遇挫败感的心理准备，并进而将挫败感转化为积极的动力。

2. 避免特权感

很多人不能容忍挫折的原因是，觉得生活唯独对自己不公平："为什么我这么倒霉？为什么偏偏是我生病？为什么坏事都发生在我身上？为什么就是我的孩子不够聪明？"

其实不妨反过来问：在芸芸众生中，你有什么特殊的？为什么你就应该事事如意，别人就是芸芸众生？为什么你的孩子就必须是前几名，别人的孩子排名靠后就是正常的？

我认为，正是这种"坏事应该对我绝缘"的"特权感"，导致人们对生活有"万事皆如意"的高期望，从而对不如意的事感到特别不能容忍。

多年前，我曾看过我国一位著名主持人写的一篇文章，提到他成年后很多年都没有结婚成家，因为他不屑于过"俗人"的日子。直到有一天他想明白了：我不就是一俗人吗？我有什么特殊的？我为什么就不能过普通人的日子？于是他结了婚，快快乐乐地过起了平常人的生活。

我觉得在应对挫折方面，我们很多普通人，却有着"明星包袱"。我们之所以会对挫折有那么多的不耐受，是因为我们在潜意识里觉得自己是天选之子，因此不顺心的事都应该发生在别人身上，而不应该发生在自己身上。

认识到自己就是一个普通人，和其他芸芸众生一样，有好运也有厄运，有做得漂亮的事，也有马失前蹄的时候……避免潜意识中的特权感，有助于我们对生活中的挫折和逆境有更心平气和的心态，从而有能量去接纳或改变。

3. 认识到负面事件对提升心理韧性的积极意义

从神经生物学的角度，减轻或避免压力，对提高应对逆境的能力几乎是没有作用的；相反，只有积极地面对和应对压力，才能提升心理韧性。证据表明，**心理韧性来源于接触失败的感觉、理解失去的痛苦及体会挣扎的经历**。换言之，心理韧性是通过"不适感"培养起来的，因此，要提升心理韧性和心理免疫力，首先，我们需要接触和战胜各种挑战；其次，我们要意识到负面事件对提升韧性可能是有积极意义的，这种意识本身就能帮助我们提升耐挫力。如果做得好的话，我们对某些事物就不会再感到恐惧。

美国作家海明威说："生活总是让我们遍体鳞伤，但到后来，那些受伤的地方一定会变成我们最强壮的地方。"俄罗斯剧作家屠格涅夫则说："你想成为一个快乐的人吗？那就先学会受苦。能受苦的人可以忍受任何不幸。没有什么是他们克服不了的。"

我国古人更是重视逆境对人的积极作用，孟子说："故天将降大任于斯人也，必先苦其心志，劳其筋骨，饿其体肤，空乏其身，行拂乱其所为，所以动心忍性，曾益其所不能。"在韧性的培养上，人确实是"生于忧患，死于安乐"。

4. 逐渐暴露于可控的压力

要建立耐挫力和心理免疫力，核心方法是：逐渐暴露在可以控制的压力中。这种方法与应对恐惧的"系统脱敏"方法相似。大家知道，有些人对某些东西有恐惧症，比如，见到蜘蛛，就吓得连连尖叫，气都喘不过来，恨不得要昏倒。对于这样的人，系统脱敏法非常有效。

具体做法是，首先让他接触一个最轻微的相关刺激，比如，让他看蜘蛛的图片。他最先看到蜘蛛的图片的时候，往往会觉得特别恶心和难受。但治疗师让他反复地看这张蜘蛛的图片，直到他对蜘蛛的图片没有那么敏感了。接下来，给他看蜘蛛的视频。他看到这个动态的蜘蛛也会觉得特别难受，但治疗师坚持让他反复地观看蜘蛛的视频，直到他对这个动态的蜘蛛不再敏感。接下来，再给他看活的蜘蛛，但是隔着很远的距离。他看到活生生的蜘蛛，往往也会非常害怕和难受。但咨询师让他反复看，直到他对这个隔着一定距离的蜘蛛感到很安全，能够接受。最后就慢慢地一点一点地把蜘蛛推向他，经过多次的重复，他就能够近距离地接触蜘蛛了，甚至能把蜘蛛放在手上玩。这就叫系统脱敏，就是有计划、有系统地逐渐展示令人恐惧和有压力的东西，但控制在不让他崩溃的强度之内，通过反复呈现来减少敏感度，这种方法也叫"暴露疗法"。这种治疗如果做得好的话，在很短的时间内就可以让人对某种事物不再恐惧。

韧性的建立，遵循同样的原理，只不过要比对恐惧症的治疗更复杂、过程更漫长。在韧性领域也有一系列的心理免疫力训练，让人逐渐地去接触一些可以控制的压力和负面事件。与此同时，给人提供相关知识、心理支持和技能培训，让他们能够应付这个压力事件。然后，再提升压力事件的级别，当然也提升他们的技能，让人获得自我效能感。研究和实践证明，有计划、有系统的心理免疫力的训练是有效的。

5. 提升应对技能

人要能够耐受挫折，与他们自信于自己具备应对这一挫折的能力有关。在面对挫折的时候，人不仅要能够对这一压力事件进行管理，还要能够调节自己的情绪，让自己有积极的心态，而且要有克服困难的信心及具体可行的应对技能。鉴于本书后面的章节将分别讨论这些技能，在此不再赘述。

【思考与练习】

被拒练习

暴露疗法是一种主要用于治疗恐惧症的疗法。它将恐惧症患者完全暴露在自己所害怕的事情中，最终患者会意识到，自己所害怕的事情并没有伤害到他，并没有自己所想象的那么恐怖。经过多次暴露练习后，患者会逐渐对刺激源变得适应和迟钝，从而不再对其敏感和害怕。一个叫杰森·考莫力（Jason Comely）的人运用系统脱敏和暴露疗法的原理创立了一种自助社交游戏，称为"拒绝疗法"（rejection therapy），以此来克服人们心理上的敏感和脆弱。

具体操作是，主动设计一系列不合理的要求，每天向一个人（大部分是陌生人）或一个团体提出一个要求，让自己被别人拒绝。每天至少被拒绝一次，连续 30 天。通过这种受控的、强制的暴露，让人从身体上和情绪上适应被拒绝的压力，克服对拒绝的恐惧，以此来磨炼耐挫力。这个游戏在北美曾极为风行，很多人都参加过为期 30 天的挑战赛。

美籍华人蒋佳（Jia Jiang 的音译）将这个游戏发扬光大，在长达 100 天的时间里，每天主动去"碰钉子"，但也有很多时候，他在被拒绝后解释了自己提出要求的原因，原本拒绝他的人会转而接受他的要求。他在题为"碰壁一百天"的博客中记下了自己每天提出的要求和与人交流的过程，他的博客和演讲深受欢迎。蒋佳说：

"每当我们有了新主意或者尝试一些新东西时，我们的大脑里总会有两股力量在斗争：一个想改变现况，另一个却害怕被拒绝。"

"那些改变了世界的人，改变了我们生活方式和思维模式的人，都是那些遭遇过多次拒绝，甚至被粗暴拒绝的人。但这些人并没有让拒绝定义自己，而是用被拒绝后的行动定义了自己，他们拥抱拒绝。"

"一开始，每次我遇到一点小小的拒绝，我就害怕得撒腿就跑。但后来仅仅因为我留下来和对方交涉，没有逃跑，那种紧张到死的感觉就没有了。"

"只要我们在遭到拒绝后，不逃之夭夭，就可以把'不行'变成'行'，秘诀就是问对方'为什么'，而对方的答案也会让我们意识到，很多时候，被拒绝仅仅是因为我们提供的恰好不是对方想要的。"

下面我们做两个被拒绝练习，以减少自己或孩子对人际关系及被拒绝的敏感性，从而提升耐挫力。

自我练习

1. 请复习本章所介绍的关于耐挫力、心理免疫力、系统脱敏及暴露疗法等原理，思考自己是否有必要做被拒绝练习。

2. 如果愿意进行，请在以下 12 张卡片上，各写上一个不合理的要求。这些要求要听起来不合理，但不会给被请求者造成严重的冒犯或导致自己或他受到伤害。比如，作为成年人，你可以要求配偶，本周所有的家务活都由他来做，自己不做（可以作为练习），但不可以要求跟配偶离婚（不可以作为练习）。作为孩子，你可以要求同学帮你写作业（可以作为练习），但不可以要求同学跟你一起考试作弊（不可以作为练习）。

3. 尽量向不同的人提出要求。频率可以是每天一次，也可以隔天进行一次，甚至每周进行一次。要求可以根据具体的情况进行调整。要点是，让自己感到有压力，但压力不至于大到自己无法承受。

4. 完成这个练习后，要向被请求者说明情况，并得到对方谅解。

（注：这个练习适合那些特别乖、很少向别人提出要求，也很少被别人拒绝的人。）

对孩子：让孩子体会被拒绝

1. 对孩子不合理的要求，要能够平和而坚定地说："不！"
2. 要把对要求的拒绝和对孩子本人的排斥分开。
3. 拒绝时的语言要考虑孩子的年龄、个性特点和承受能力，基本原则是，保持在让孩子感到压力，但不会压倒他们的程度。
4. 请将本月拒绝孩子的事由及孩子的反映，简单地写在下面的空白处。
5. 请用孩子听得懂的语言，给孩子介绍关于耐挫力、心理免疫力、系统脱敏及暴露疗法的原理，每周介绍一个。

为孩子接种"心理疫苗"

上面谈到了一些成年人和青少年用于提升耐挫力和心理免疫力的自助方法，下面专门讨论如何在家里和学校帮助孩子提升耐挫力和心理免疫力。

发展心理学的研究表明，孩子调节情绪、容忍挫折和解决问题的技能，是通过与主要照顾者和其他成年人的关系逐步培养出来的。研究发现，通过对家长等养育者的培训，以及对老师、咨询师等教育相关人士的培训，成年人完全能够提升儿童与青少年的心理韧性。以下是一些可以帮助孩子提升耐挫力和心理免疫力的方法。

1. 让孩子体会挫折感

如同身体健康上的"卫生假说"一样，承受适当的挫折会帮助孩子发展出更强的耐挫力和心理免疫力。

除了让孩子自然地体验生活中的不愉快和挫折外，可以有意识地锻炼孩子的耐挫力和心理免疫力。

（1）让孩子参与体会挫折感的游戏或活动

在孩子玩的时候，我们要引入一些会失败的游戏，或者不会一下子就成功的游戏，比如，一些合作性的桌面游戏、电子游戏，以及户外挑战等。合作游戏要求玩家共同努力才能获胜，这有助于建立对挫折的容忍度和减少对竞争者的敌意感。国外专门有一些用于提升孩子挫折的容忍度的游戏，分为不同的难度，对培养孩子的耐挫力很有效。

无论是棋盘游戏、电子游戏还是体育比赛，所有合作性或竞争性的活动都需要孩子与他人轮流或同时上场，孩子要遵守规则，要有体育精神，要输得起。家长尤其不能为了让孩子开心而故意让孩子赢！

（2）让孩子延迟满足

你忙了一天之后去购物，此时已经很累了，但是孩子一直缠着你要买一个新玩具。你耐心地对孩子说"不"，但他依然坚持。这时你已经没有精力与孩子争执了，你只想把玩具买了算了。但为了孩子的心理韧性，我请你再坚持一下，让孩子延迟满足，等过节的时候再买玩具，这对培养孩子的耐挫力很有益。

我儿子上幼儿园的时候，每次带他去买玩具，他都会一上车就迫不及待地拆开包装，有时候弄得小零件满车都是。后来，我定了一个规矩，不许他在车上拆开包装，必须等到回家后再拆开包装。再后来，我们的延迟满足游戏又升级了。在他 10 岁的时候，看上了一大盒 Bakugan（爆丸）玩具。他怕过节前玩具会被抢光，就说服我当时买。我同意了，但是也提了一个条件：他必须等一个月，直到节日那天才可以拆开这盒玩具。于是，整整一个多月，儿子每天都看着摆在他桌上的这盒心仪的玩具，但是他一直没有动它。直到过节那天，他才无比开心地将玩具拆开。

（3）让孩子承担自己行为的后果

要舍得让孩子承担自己行为的后果，如果事情没做好，让他们体验沮丧的感觉。如果他们从未经历过沮丧和失望，他们怎么能学会应对压力呢？耐挫力和心理韧性是要自己去克服艰难的事情，并体会其中的不适感，而不是永远推脱责任，或者依靠别人来帮助自己摆脱困境。

我儿子上小学的时候，有丢三落四的习惯，尽管我经常提醒他，但是他有时候还是会忘记带课本或忘记带作业本。我给他送过两次后，提醒他，如果再忘记带，我就不会给他送了。

结果有一天，他又从学校办公室给我打电话："妈妈，你能把我的作业本送到学校吗？老师说今天必须要交！"

我问他："如果不交会有什么后果？"

他说："老师肯定会批评我！"

我说："哦，那你今天要挨批评了。"

2. 不要过度保护和过早干预

（1）避免立即出手解决孩子的问题

当孩子遇到挑战而挣扎时，家长在旁边看着是很难受的，我们本能地想要去营救他，或者去改变造成孩子痛苦的状况。但事实是，孩子学习新本领的过程难免会伴随一定程度的不适感，直到孩子掌握了它为止。挣扎对孩子来说并不总是坏事，很多时候它属于"积极压力"，是孩子学习和成长的一部分。

因此，这时家长要淡定，要学会接受孩子的不适。请你退后一步，耐心地观察、等待，要相信你的孩子，不要过早地出手营救。请想象一下孩子学骑自行车的情景。如果你一直牢牢地抓着自行车，始终帮助孩子保持平衡，那孩子的确不会摔跤，甚至体会不到难以保持平衡时的恐惧感。但如果我们一直不松手，那孩子就永远也无法学会自己保持平衡，也无法让孩子体会到能够独自骑行时的自豪感和成就感。

孩子一遇到问题，家长就立即出手营救，孩子接收到的信息是：第一，他不行，他太弱；第二，你认为他没有能力自己应对挑战，只有你才能解决他的问题。相反，如果你让孩子独立尝试，实际上是在告诉孩子：第一，他是有能力的；第二，你相信他；第三，失败是学习和成长中不可或缺的经验。这有助于建立孩子的自信心，并让他们有能力应对生活中的挑战。

（2）为孩子提供支持，但不代办

家长要为孩子提供应对挑战所需的支持，但不要越俎代庖地为孩子做他自己能做的事。

你不是孩子的全职保姆和全权代理，也不是漠不关心的局外人，你是充满关怀与支持的教练和伙伴。要让孩子知道，你对他充满信心，他有学习能力，有能力做困难的事。你始终支持他，在他需要帮助时，会跟他一起思考所面临的挑战，并一起讨论解决方案。但是，你不会"为他"去解决"他的问题"，因为那是他的责任。

（3）做孩子的榜样

你自己不顺心的时候表现如何？当你遇到工作难题时撂挑子，或者遇到烦心事而发脾气时，请相信我，你家的那些小眼睛和小耳朵正在注视和聆听。孩子会从家长身上学习如何面对压力和沮丧，因此，家长不仅要言传，更要注意身教。

很多家长从来不与孩子分享自己的压力和挫折。我强烈建议家长，以适合孩子年龄的内容和方式，与孩子分享自己过去及现在在生活、学习、工作或人际关系等方面遇到的挫折，分享自己当时的感受，以及你是如何战胜那些挫折的。这种分享不仅让孩子对韧性有直观感受，也有助于亲子关系。

3. 教孩子应对技巧

如前所述，人的耐挫力和心理免疫力低的一个原因是，缺乏应对技能。当孩子不知道该怎么处理问题时，他就会对挫折感到愤怒、郁闷，或者感到焦虑。因此，家长和老师需要教孩子一些具体的应对技能。

（1）帮助孩子识别和表达情绪

了解自己的感受并能够用比较丰富的语言谈论情绪问题，会让孩子感到自己更有掌控感。

不时尖叫、哭泣和打人的小孩子，一整天阴沉着脸或经常摔门、顶嘴的大孩子，让很多家长恼怒又无奈。很多次，我发现，仅仅是启发孩子把自己的情绪描述出来，他们就平静多了，因为表达情绪本身，让他们能站在一个旁观者的角度去反观自身。因此，家长不要对孩子的情绪表达有过激的反应，而且要让孩子知道，感觉并不可怕，他们可以自然地表达情绪，但是随着自己长大，要学会以更为适当的方式来表达情绪。

（2）教孩子平静技巧

教孩子遇到问题时不要冲动，要静下来，想一想。此时，可以数数，慢慢从 1 数到 10，也可以做深呼吸，具体方法是，用鼻子吸气时数"1、2、3"，屏息时数"1、2、3、4"，再通过嘴呼出气，同时心里数"1、2、3"。这些平静技巧，基本上可以帮助孩子在面临问题时，不会立即采取"战斗或逃跑"的应激反应。

（3）帮助孩子通过创造性的方式来解决问题

遇到困难，首先请孩子提出可能的解决方案。在提供你自己的意见之前，请务必问孩子，他们是否想听听你的想法。尤其是一些倔强的孩子，你越是指导他们，他们越会情绪化甚至一口拒绝。你可以试着问孩子："我对怎么解决这个问题有一些想法。你想听听我的想法吗？"

家长主动提出方案让孩子照做，以及在孩子的要求下提出方案，这两种做法看似差别细微，但却会带来很大的不同。提供主动的指导，尤其是在孩子处于压力状态时，可能会让孩子感到被打扰、不被尊重，并加剧孩子的挫折感和无能感。因此，应尽量鼓励孩子自己想办法，最好是把我们的建议不露声色地"嫁接"到孩子的想法中，让他们以为是自己的创意。

【思考与练习】

支持与独立：平衡行动练习

家长要知道什么时候该放手，让孩子独立处理问题，体会适当的挫折感；而什么时候需要介入，给孩子提供帮助，让他不至于被负面情绪压垮，这种平衡说起来容易做起来难。下面的练习会帮助家长和孩子了解，双方都需要做什么来达到这种平衡。

请家长和孩子各做一个练习，分别思考：哪些事情是需要孩子自己独立负责的，哪些事情是需要家长提供支持的。在家长和孩子都完成了这个练习后，请花一些时间来讨论双方的答案。

家长版

放手：你认为孩子可以独立决定和处理哪些事情？请写在下面的空白处。

1. 在家（比如，选择写作业的时间、决定剪什么发型）

_____

_____

_____

2. 在学校（比如，记住自己的作业，向老师请教问题）

_____

_____

_____

3. 人际关系（比如，与朋友一起安排活动，决定与谁做朋友）

_____

_____

_____

4. 其他领域

_____

_____

_____

介入：哪些领域你觉得孩子需要你的支持和帮助?

1. 在家（比如，当孩子有抑郁和焦虑的倾向时，你需要提醒他们，是否需要找心理咨询师）

_____

_____

_____

2. 在学校（比如，提醒孩子重要事项的截止日期，或者为孩子被同学霸凌而想办法）

_____

_____

_____

3. 人际关系（比如，了解孩子在和什么人交朋友，知道他晚上去了
什么地方）

_____

_____

_____

4. 其他领域

_____

_____

_____

孩子版

独立：你认为你可以独立决定和处理哪些事情？请写在下面的空
白处。

1. 在家（比如，选择写作业的时间、决定剪什么发型）

_____

_____

_____

2. 在学校（比如，记住自己的作业，向老师请教问题）

_____

_____

_____

3. 人际关系（比如，与朋友一起安排活动，决定与谁做朋友）

_____

_____

_____

4. 其他领域

_____

_____

_____

　　支持：哪些领域你觉得你需要家长的支持和帮助？

1. 在家（比如，当自己有抑郁和焦虑的倾向时，可以向家长寻求帮助，与他们讨论是否需要找心理咨询师）

_____

_____

_____

2. 在学校（比如，请家长提醒自己重要事项的截止日期，与家长讨论如何应对被同学霸凌的问题）

_____

_____

_____

3. 人际关系（比如，让家长了解你在与什么人交朋友，出门的时候让家长知道你晚上去了什么地方）

_____

_____

_____

4. 其他领域

_____

_____

_____

附：［思考与练习］"关于耐挫力的深入思考"的参考回答。

1. 的确有耐挫力过强，或者用在不适当地方的情况。如果一个人总是接纳和承受痛苦，可能会导致缺乏变革的心态，安于现状；如果一个人过分强调吃苦和延迟满足，可能会导致他成为工作狂，或者过着"苦行僧"般的生活。耐挫力与任何品格一样，不能过犹不及。

2. 忍耐挫折、延迟满足与追求快乐、享受生活，这两种不同的取向看似矛盾，实则不然，而且这两种做法都值得推崇。

   最佳生活需要在培养耐挫力以实现目标与学会享受生活乐趣之间达到平衡。一方面，如果一个人过于强调忍耐挫折、延迟满足，那么他可能会失去一些有意义的乐趣；另一方面，如果一个人对任何不适都难以容忍，可能会导致他无法吃苦、放弃目标，甚至出现心理问题，由此而使得寻求愉悦、享受当下也变得难以实现。韧性的智慧是将这两方面有机融合，达到平衡。

第 3 章

乐观心态，
认知重建

乐观的人更有韧性

美丽人生

20 世纪 40 年代，在意大利的一个小镇，乐天潇洒的圭多爱上了美丽的女教师多拉，并用自己的聪明和幽默赢得了多拉的芳心。他们婚后的生活甜蜜而欢乐，却不幸被战争的阴霾所笼罩。

身为犹太人的圭多和 5 岁的儿子乔舒亚被抓进了纳粹的集中营。为了不让儿子幼小的心灵蒙上战争的阴影，圭多将惨无人道的集中营生活阐释成了一个游戏。他告诉乔舒亚，只要他们攒出了足够的积分，就可以坐着乔舒亚最爱的大坦克回家了。年幼的乔舒亚在父亲兴奋的表情中，相信了这场残酷的迫害仅仅是个游戏，因此哪怕忍受着饥饿、恐惧和对妈妈的思念，他仍然会兴致勃勃地配合爸爸完成"游戏"的各种匪夷所思的要求。当别人都被强制劳动累得瘫软在床上时，圭多还要跟儿子计算这一天他们在游戏中赢得了多少分，并以游戏的方式教会儿子如何躲避集中营里的伤害。圭多还利用集中营里播放广播的机会，问候关押在女监的妻子，并播放妻子最爱的歌剧，为集中营里悲观绝望的人们带去了一抹亮丽的色彩。

当第二次世界大战取得最后胜利之际，纳粹准备逃走，圭多冷静地将儿子藏进大铁箱里，嘱咐他千万不要出来，赢了"游戏"的最后一关就能坐大坦克回家了。不幸的是，圭多在找妻子的途中被纳粹抓住，当他被押着走过儿子躲藏的铁箱时，他甩开正步，做出惯常的滑稽模样，并对儿子挤眉弄眼，在生命的最后几分钟仍然为儿子维持"游戏"的谎言。

第二天天亮，纳粹撤走了，小乔舒亚真的见到了妈妈，赢得了游戏的胜利，坐着威武的大坦克回家了。

（电影《美丽人生》剧照）

（电影《美丽人生》剧照）

这是意大利著名导演和演员罗伯托·贝尼尼（Roberto Benigni）自编自导自演的电影《美丽人生》（*Life is Beautiful*）。圭多之所以能够在被纳粹统治和迫害的残酷现实中具有顽强的韧性，与他的乐观心态是密不可分的。乐观和具有韧性的人，无论在多么险恶的环境下，都能战胜悲观和恐惧，体验到生命的美好。

【测一测】

那么，你乐观吗？请把适合你自己的选项的分数填写在表里，并计算出总分（见表 3-1）。

表 3-1　乐观测试

	总是 （5分）	通常是 （4分）	一般 （3分）	通常不是 （2分）	一直不是 （1分）
1. 遇到不好的事情时，你相信事情最终会有好的结果吗？					
2. 你生活中好事比坏事多吗？					
3. 你对自己或他人有信心吗？					
4. 你对把事情做好有信心吗？					
5. 你觉得未来会比现在好吗？					
总分					

分数解读：

平均分是 15 分，15 分以上的人较为乐观，15 分以下的人不太乐观，分数越高的人越乐观。请不要过度解读，因为所有的主观测试都会有一定的偏差。无论测试分数如何，如果你在生活中的大多数时候，相信好人比坏人多、好事比坏事多，大部分事情最后会有好的结果，倾向于从正面的角度看待问题，对自己、他人和做事都比较有信心，那你就是一个乐观的人。

什么是乐观

《美丽人生》这部电影之所以打动人心，就是因为它体现了人最重要的一种积极品质——乐观。乐观是一种积极向上的正面情绪，是一种充满希望的态度，相信美好的事情会发生，人们的愿望或目标最终会实现。

电影中的圭多就是一个乐观主义者，他在追求多拉的时候，多拉还有一个帅气多金的追求者，对比之下，圭多可以说是毫无竞争力，但他就是坚信自己能够得到多拉的芳心。事实上，也正是他的这种自信、乐观、浪漫和幽默的性格，让他赢得了多拉的芳心。

乐观的反面就是悲观，绝对的悲观和绝对的乐观几乎是不存在的，我们大多数人都处在纯粹的乐观和纯粹的悲观这两极之间的某个点上。经常用来体现乐观与悲观的是一个装了半杯水的杯子，同样是半杯水，乐观主义者会说："还有半杯水呢！"而悲观主义者则会说："只有半杯水了！"

心理学家认为，乐观分为两种：一种叫"天性乐观"（Dispositional Optimism），另一种叫"习得性乐观"（Learned Optimism）。天性乐观也被称为"气质性乐观""乐观人格"或"性格乐观"。确实，有些人天生就比较乐观，有些孩子在婴儿时期就爱咧着没牙的小嘴笑，很少哭，长大后也笑口常开，或者神经比较粗壮；而另一些人则天生就比较敏感、容易担心和发愁。习得性乐观中的"习得"就是"学到的"意思，是指后天通过改变自己的想法而变得更加乐观，无论我们先天的气质倾向如何，我们都可以通过学会积极的归因方式而变得更加乐观。

说到乐观，有些人可能会想到鲁迅笔下的阿Q精神。实际上，真正的乐观与阿Q精神完全不同。阿Q被打了，却说这是"儿子打老子"。阿Q的精神胜利法，是一种精神上的扭曲，是一种消极地适应环境的方式，是在对现实无能为力的情况下的一种自我欺骗和自我安慰，实际上是一种逃避现实的悲观的生活态度。而真正乐观的人对现实不掩饰、不逃避、不退缩，在任何情况下，都力求能够自我选择和自我决定。

在《美丽人生》这部电影中，圭多经常表现得很兴奋，有时候似乎还傻乎乎的，特别是在集中营里，他还会给儿子制造游戏的幻觉，那圭多是不是在用阿 Q 的精神胜利法？显然，纳粹对犹太人的种族灭绝，以及自己一家被抓进残酷的集中营，这些都是圭多无法控制的。这种炼狱般的情况，就是跟五岁的儿子说，孩子也是很难理解的。为了保护孩子的心灵不受伤害，圭多善意地欺骗孩子，但他并没有欺骗自己。圭多曾经两次冒着巨大的危险，用广播向妻子传达他们父子还活着的消息，并且表达对妻子的爱，激发多拉的求生意志；圭多尽了最大的努力来保护儿子、拯救妻子。相比于那些认命的人，圭多就是在身处灭顶之灾的情况下，依然努力改变现状，至少力求一家人在精神上不垮；甚至，他给儿子编造游戏的谎言本身，也是在心理上主宰这种环境，不让这种恶劣的环境伤害天真无邪的孩子的内心，所以，圭多的态度和行动不是逃避和自我欺骗，而是努力控制和主宰自己的命运，所以我们说，圭多表现出来的是乐观，而不是阿 Q 精神。

心理学家认为，乐观就像快乐一样，是一种积极的情绪，它首先让我们感觉良好。此外，有大量的研究证明，乐观能够带来很多正面的结果，比如，乐观的人身体更健康、更长寿、有更积极的人际关系；乐观的孩子学习更好，乐观的成年人事业更成功；乐观等积极情绪在人们面对压力时具有保护作用，让人们更少出现焦虑和抑郁等心理问题……有人说，乐观的好处有如此之多，好像是任何积极的东西都可能与它有关。正因如此，我把一个人是积极还是消极的，是乐观的还是悲观的，称为我们人生的底色。如果我们希望自己，或者我们的孩子有一个健康、成功、幸福的人生，有强大的心理韧性，就要从小培养积极乐观的态度，早早打好人生的底色。

ABC 理论：我们的态度决定了我们的反应

你一定很想知道，我们怎样才能让自己及自己的孩子也能成长为圭多这样，在任何环境中都能积极乐观、充满韧性？

首先，圭多的乐观应该是有一定的先天基础的。研究发现，乐观在一定程度上是可以遗传的。所以说，如果我们有一个性格非常乐观的配偶，我们的孩子就会有更大的概率是偏向于乐观的。在《美丽人生》这部电影中，我们看到，不仅圭多很乐观，他的儿子也是一个很乐观的孩子。当开朗的多拉选择嫁给笑口常开的圭多，如果遗传不变异的话，他们的儿子乔舒亚大概率地先天会比那些父母总是抑郁不开心的孩子更加乐观开朗。不过，和其他心理特质一样，乐观和悲观也都会受到环境因素的强烈影响，包括家庭环境在内。很多理论都认为，乐观是可以后天学习的，并且认为家庭环境在提高乐观态度、降低悲观情绪方面有相当大的作用。在《美丽人生》这部电影中我们看到，在进入集中营之前的正常家庭生活中，圭多一家是充满了爱和欢声笑语的，比如，小乔舒亚藏在柜子里，爸爸给他打掩护，一起逗妈妈笑等。所以，小乔舒亚的乐观开朗显然也有环境和家庭教育的因素。

那么，对于已经无法改变自己的先天特质的人，我们要怎样变得更加乐观？接下来，我给大家讲一个由美国心理学家阿尔伯特·艾利斯（Albert Ellis）提出的 ABC 理论。

ABC 模型

我们在生活中都会身处一些情景、身边会发生一些事件，这些"激发性事件"的英文为 Activating Events，简写为 A；我们也都会对事件有所反应，导致情绪上和行为上的结果，"结果"的英文为 Consequences，简写为 C。

人们通常认为，是事件（A）导致了我们的反应（C）；我之所以出现了某种反应（C），是因为某种环境或事件（A）的刺激导致的。比如，我生气（C），是因为你对我出言不逊（A）；你问孩子为什么要打小朋友（C），他会说，是因为那个小朋友撞了我（A）（见图 3-1）。

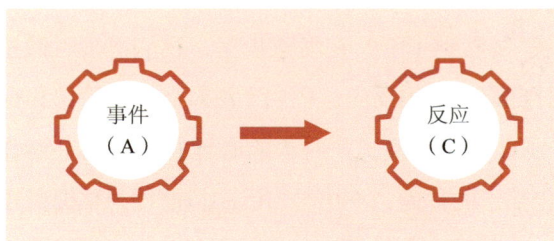

图 3-1　人们通常的逻辑

从 A 到 C 的反应模式，是人类（尤其是动物）最直觉的反应模式。这种反应模式虽然常常会带来负面的结果，但其实也是一种最轻松的反应模式，因为，我的反应是由环境或他人的行为带来的，我只是被动地对外部的刺激做出反应，因此，我不用对自己的情绪和行为负责。

比如，年纪比较小的孩子，无论是哭闹、咬人或打人，当你问他为什么这样做时，他往往会说，"我哭是因为桌子把我撞疼了""我咬他是因为他抢我玩具""我打他是因为他气我"。言下之意，"我的反应是外界或别人带来的。"

如果你觉得孩子的反应很幼稚的话，不妨再看看成年人。你问那些家暴男（当然也有家暴女）："你为什么打老婆？"十有八九他会回答："是因为她没有做好，她该打。"或"她专捡让我生气的话说，她欠打。"总之，我的恶行是由受害者引起的，我只是对她（他）的欠打做出反应。

如果你觉得家暴者是一些"坏人"，我们与之有别，那么再反观我们自己。我们打骂孩子，是因为："孩子太不像话了，气死我了！"我们之所以"丧"，是因为："这是一个功利的世界，压力大到无法不丧。"看到了吧？在潜意识里，我们很多时候都认为，我们只是对外部环境做出反应，我们无法对自己的情绪和行为负责。

从 A 到 C 的反应模式，对人的心理有一定的补偿作用，它让我们合理化自己的行为，不用对自己的负面行为承担责任。

但是，这种反应模式是一种相对低级的、近乎动物式的反应模式，它让我们放弃了自主性，失去了选择和对自己负责的态度。现在你应该明白了，当孩子摔倒在地或磕碰到桌角时，家长责备地面或拍打桌子，是一种多么不明智的教育行为。显而易见，缺乏自主性和自我选择能力的人，在面对挑战和逆境时，是缺乏韧性的。

更主要的是，这种反应模式也不完全符合客观事实。作为人类，我们对事物并不仅仅是做出直观的反应，还会用我们的大脑前额叶对事物做出解读。

美国心理学家阿尔伯特·艾利斯发现，实际上，在事件（A）与反应（C）之间，还有一个对事件进行解读并形成看法和信念的过程。人们对事件的看法和信念，英文是 Beliefs，简写为 B。艾利斯认为，是我们对事件（A）的解读和看法（B），而不是事件（A）本身导致了我们的反应（C）。同样的事件，由于对它的看法不同，我们的反应就会很不一样。比如，同样是有人说话很"冲"，如果我们的解读是："这个人无缘无故地跟我过不去。"那么我们的反应（C）就是生气，甚至与对方吵架；反过来，如果我们能够设身处地地理解对方，考虑到他是因为工作不顺，心里很烦闷，所以说话才不好听，那么我们就会理解他、原谅他，甚至会去安慰他。对方说话很冲这个事件（A）本身并没有改变，但是因为我们的解读和看法（B）改变了，所以我们的情绪反应和行为反应（C）都不一样了。ABC 模型如图 3-2 所示。

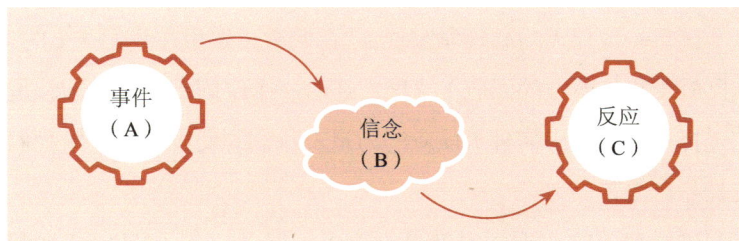

图 3-2 ABC 模型

* * * * * * * * * *

ABC 理论启发我们，影响我们的反应的不是事件本身，而是我们对事件的解读，因此，我们可以通过改变自己的心态，建立积极的认知，从而改变我们的感受和行为。

我们每个人都会有意无意地对事件做解读，所以，B 总是存在的，只是在很多时候，我们意识不到它。从 A 到 B 再到 C 这个路径说明，**影响我们的情绪和行为的不是事件本身，而是我们对它的看法**。

这是一个特别重要的心理学理论。我认为，这个心理学理论给了我们一种自主的力量：我们不是被他人或外在事件决定的，我们是有主观能动性的；这个心理学理论也给了我们一种心灵的自由，让我们知道，我们不是环境和客观事件的奴隶，我们可以通过改变自己的观念，来选择让自己有什么样的反应。

美国心理学家威廉·詹姆斯（William James）曾说："我们这一代最伟大的革命就是发现，人类可以凭借改变内在的心态来改变他们外在的生活。"

还有一位伟大的心理学家说："在刺激（发生在我们身上的事）和反应（我们所做的回应）之间，还有一个空间，这个空间就是我们选择自己（做出何种）反应的力量。我们的反应，决定了我们的成长和自由。"

这位伟大的心理学家就是维克多·弗兰克尔（Viktor Frankl）。与《美丽人生》这部电影里的圭多一样，弗兰克尔也是一个犹太人，第二次世界大战期间全家人都曾被抓进集中营，弗兰克尔本人辗转多个集中营，在集中营里待了三年，目睹了大量的暴行和死亡，他的父母、弟弟和妻子都死于集中营。但是，就在那样暗无天日的情况下，弗兰克尔依然认为他有着自己的尊严和自由，他说："一个人的所有都可以被剥夺，但是有一样是剥夺不了的：作为人的最后的自由——在任何既定的情况下，人都可以选择自己的态度，选择自己应对事件的方式。"

弗兰克尔不仅从集中营里幸存下来，而且在第二次世界大战后发展了自己的心理学理论和方法，形成了意义疗法（Logotherapy）。他还写了一本不朽的著作《追寻生命的意义》（*Man's Search for Meaning*）。

【思考与练习】

反思我的 ABC

请你或你的孩子做几个 ABC 的练习（见表 3-2）。第一栏是事件（A）。第二栏是对事件的解读（B），请分别写上消极的和积极的解读。第三栏和第四栏分别是我的情绪反应（C）和我的行为反应（C）。请分别写上对事件（A）做消极和积极的解读时你的情绪反应和行为反应。请你或你的孩子列出自己所关心的，但是目前有困扰的事件。通过 ABC 的练习，了解 ABC 模型的原理。

表 3-2　反思我的 ABC 练习

事件 （A）	对事件的解读 （B）	情绪反应 （C）	行为反应 （C）
例如，他说话很冲	消极：他跟我过不去		
	积极：他最近心情不好		

（续表）

事件 （A）	对事件的解读 （B）	情绪反应 （C）	行为反应 （C）
例如，我的数学考试成绩糟糕	消极：我没有数学细胞		
	积极：我没有掌握好这部分知识点		

积极与消极的解释风格

首先请问各位，在一件事未做好的时候，你们是否曾经这样说过或想过：

"哎呀，我怎么一直做不好！"

"唉，真是弄得一塌糊涂！"

"看来我不行，不如别人聪明能干！"

如果你是一位家长或老师，当孩子没有把事情做好，或者表现不够好时，你是否说过类似的话：

"你总是不长记性！"

"你怎么什么都做不好！"

"你怎么这么笨！这么招人烦！"

类似这样的话有什么问题吗？我们接下来了解一下解释风格理论，也叫归因风格理论。

解释风格

大家还记得 ABC 理论吧？其中 B（Beliefs），是我们的信念和看法，也就是对事件的主观解读。那么，乐观和悲观的人、韧性强和韧性弱的人，他们对事件的解读（B）都是什么样的？

美国著名心理学家、积极心理学的创始人之一马丁·塞利格曼（Martin Seligman）教授指出，对待一个事件（无论是好事还是坏事），我们通常会从三个维度对其进行解释，这种解释可能是有意识的，不过多半是无意识的（见表 3-3）。

☆ **时间**：暂时的，还是长久的。

☆ **范围**：个别的，还是普遍的。

☆ **个人化**：内在素质原因，还是外在可控或不可控原因。

表 3-3　解释事件的三个维度

三个维度\事件	时间（暂时的或长久的）	范围（个别的或普遍的）	个人化[1]（内在素质原因或外在可控/不可控原因）
好事			
坏事			

积极的解释风格

乐观的人通常对事件的解读是这样的：把好事解释成是长久的、普遍的和内在素质化的，而把坏事解释成是暂时的、个别的和外在可控的（见表 3-4）。

表 3-4　乐观的人对事件的积极解释风格

三个维度\事件	时间	范围	个人化
好事	长久的	普遍的	内在素质
坏事	暂时的	个别的	外在可控

1　在塞利格曼教授的解释风格理论中，关于"个人化"的部分原本是这样的：积极的解释风格是将好事归因为内在，而将坏事归因为外；消极的解释风格则是将好事归因为外在，而将坏事归因为内在。关于内在和外在归因的理论有时会引起争论，比如，将坏事都归为外在的原因，而不承担自己该承担的责任，这未必是积极的解释风格；而将好事都归为自己的原因，看不到外在的因素，也未必是积极的解释风格。我在宾夕法尼亚大学读书时，同学们曾与塞利格曼教授讨论过这一问题，教授也表示有意修改"个人化"的部分。在塞利格曼教授正式修改理论之前，我先将"个人化"这部分解释为"内在素质原因"或"外在可控/不可控原因"。

比如，孩子数学考试考了 59 分，这是一件不太好的事。乐观的孩子会这样想："数学考试不及格，这确实是一件坏事。但是，这只是暂时的情况——我不会每次都考不好，我过去曾经考好过，今后也能考好，只是这次没考好；这是个别事件——我只是数学考试没考好，但其他学科的成绩都还不错。另外，我还是同学的好朋友、父母的好孩子，我能做好很多事情，就是考数学这一件事没做好；这不是因为我笨、我素质差，而是由于一些外在的可控的原因，比如，考试题难、我这部分知识点学得不扎实，或者我考试前一晚熬夜玩手机，第二天脑子发蒙——而这些事件都是可以改变的。"

如果不好的事情是暂时的、个别的，而且是可以改变的，孩子通常就不会因为一次考试成绩不好而一蹶不振，相反，他会积极努力地寻求改变。

假如有一个正面事件，比如，孩子数学考试考了 100 分。乐观的孩子会这样想："只要努力学习并且掌握学习方法，我总是可以考好的；而且，不仅能考好数学，对很多学科，我都能考好，因为我不比别人笨，我有能力好好学习。"大家看，如果孩子相信，努力学习并且掌握学习方法是一个普遍的、长久的规律，而且成功是自己可控的——能对事件做这样的解读，他的成功往往是可以持续的，因为他有信心，而这种积极乐观的态度反过来会促成更多的成功，也吸引更多的正面资源。

消极的解释风格

消极的解释与积极的解释刚好相反，悲观的人通常会对事件做这样的解读：把坏事解释成是长久的、普遍的和内在素质化的，而把好事解释成是暂时的、个别的和外在不可控的（见表 3-5）。

表 3-5　悲观的人对事件的消极解释风格

三个维度 事件	时间	范围	个人化
好事	暂时的	个别的	外在不可控
坏事	长久的	普遍的	内在素质

　　假如孩子数学考试考了 100 分，这肯定不是一件坏事。悲观的孩子会这样想："我数学考试居然考了满分，真是太阳从西边出来了！"意思是，"数学考试考得好是一种暂时的、偶然的情况——我过去考不好，将来也考不好，只是这次撞了大运；这是个别事件——我只是蒙对了，但语文、英语等其他学科都不行，而且我的人缘也不好、颜值也不高，也没有文体才能，我在很多事情上都不行；这次考好了不是因为我自己的原因，而是取决于一些外在的原因，比如，考试题简单、考的刚好是我会的，或者我运气好，蒙对了。总之，考得好这件事，是我不可控的。"

　　试想，如果孩子对正面事情如此这般地做消极解读，他就无法从一次性或短期的成功中汲取经验和力量，他的成功也就无法复制。这或许能解释为什么有些曾经很聪明优秀的孩子，却越来越没有后劲，一路往下走。

　　假如悲观的孩子的数学考试考了 59 分，他消极的解释风格就会振振有词了："我总是不行！""我什么都不行！""都是因为我笨。"大家看，如果一个人相信自己永远不行、什么都不行，而且这还都是自己的错或自己素质低下，他怎么能够努力奋进，做出改变和提升？

消极的解释风格如果长期存在，就会形成"习得性无助"的心态，从而导致心理脆弱、缺乏韧性。轻一些，是存在消极悲观的态度、缺乏努力的动机、心理脆弱；程度严重了，就是抑郁症。一些非生理性原因导致的抑郁症，与消极的解释风格存在高度相关。消极的解释风格，既是缺乏韧性的原因，也是韧性较低的表现。

如果孩子不了解什么是积极和消极的解释，我们可以用类似下面的练习（见表 3-6），让孩子从自己的生活事件中学会从不同的角度看待问题。在做练习时，请孩子思考几个消极的解释分别表现出了哪一种悲观？——永久性悲观？普遍化悲观？个人化悲观？

【思考与练习】

积极与消极的解释练习

表 3-6 积极与消极的解释示例

事件	消极的解释	积极的解释
缺少朋友	没人愿意和我做朋友 哪一种悲观？_____	只是他不愿意和我玩，很多小孩都愿意和我做朋友
好朋友因为搬家而转学了	我再也不会有新朋友了 哪一种悲观？_____	我失去了他，但还会交到许多新朋友
有时候害羞	我不擅长社交 哪一种悲观？_____	静下心来，我也能想到一些有趣的事跟别人聊
遇到困难的事	我不会做 哪一种悲观？_____	我只是暂时还没学会怎么做

在了解了塞利格曼教授的解释风格理论后，我们就会知道，为什么在遇到困难和失败的时候，我们不要说："我一直做不好！""我一塌糊涂！""我不行，不如别人。"你也一定明白了，为什么在教育孩子的时候，不要说他："总是不长记性！""什么都做不好！""怎么这么笨！"。相比于学习成绩好，帮助孩子构建积极的解释风格至少同样重要。

以后，在孩子没有做好某件事，解读自己的失败时，在我们批评和教育孩子时，对以下词语一定要高度警惕：

- 不要用可能导致永久性悲观的词语，如总是、永远、一直、从来等；
- 不要用可能导致普遍化悲观的词语，如全部、所有、什么都、一塌糊涂等；
- 不要用可能导致个人化悲观的词语，如笨、不行、不如人、没用、废物等。

如果我们听到孩子用类似的词语来描述自己，我们一定要与孩子"争辩"，指出他曾经在很多事情上都做得很好，他也有很多优秀的品质。

如果我们不小心用了这些词语来说孩子，要赶紧改过来，换一种积极归因的说法。

如果我们自己在遭遇挫折和坎坷的时候，有这样的内心独白，我们也要赶紧提醒自己，这是消极的解释风格，应该换一个角度，从积极的方面来看待这件事。

心理学家指出，**一个人对坏事的反应，在很大程度上与他小时候，他的父母、老师及祖父母、保姆等主要的照料者对坏事如何做出反应相关，而且，如果不做干预的话，这种反应方式会与他相伴终身。**

【思考与练习】

构建积极的解释风格

请画出一个表格（见表 3-7），在表格中写上 5~10 件你或你的孩子遇到的不顺心，但又很在意的事。然后，写上你或你的孩子内心消极的解释是什么，再写上可以换成哪些积极的解释。最后，写上改变了认知后，你或你的孩子在情绪和行为上有哪些改变。

成年人或青少年可以自己做这个练习，孩子则可以由家长或老师引导或一起做这个练习。

表 3-7　构建积极的解释风格练习

事件	消极的解释	积极的解释	变为积极的解释后，情绪和行为上的感受
没选上班干部			
好朋友不和我说话了			
玩游戏时控制不住自己			

（续表）

事件	消极的解释	积极的解释	变为积极的解释后，情绪和行为上的感受
因为生病不能上学			

各年龄段孩子如何学习积极乐观

您可能会问，如果我本人、我的孩子或其他人，已经有了消极的解释风格，已经出现了悲观的心态，这时该怎么办？

这时，我们可以通过练习 ABC 模型，与自己的消极解读进行辩论（ABCD 练习），然后用积极的解读和行动代替消极的解读和行动（ABCDE 练习），从而形成积极乐观的态度、提升自己的韧性。众多的研究发现，以建立积极的解释风格为核心的认知干预措施，在预防和治疗抑郁症、提升幸福感方面非常成功，并且，认知重建的训练会给大脑带来持久的改变。

7 岁以下的孩子

即便是对学龄前的孩子，你也可以帮助他建立积极的思维。最基本的方法是，教孩子遇到问题时不要冲动，而要停下来，想一想（见图 3-3）。也就是教孩子不要直接从 A 到 C，而是意识到在事件（A）和反应（C）之间还有一个 B。这种方法不仅能让孩子变得乐观，提升他的韧性，而且能帮助孩子学会控制冲动，提升他的自控力和执行能力。

图 3-3　停下来，想一想

此外，家长和老师不要总是立即就去解决孩子的问题。作为家长或老师，当孩子出现问题时，我们直觉的反应要么就是插手解决问题，要么就是淡化问题。由于孩子尚年幼，一些在我们看来无关紧要的小事，比如，小朋友不和他分享玩具，这对孩子来说却可能是一件天大的事。因此，我们不要对此不以为然；相反，我们可以将这些问题作为教育的契机，以生活中的这些鲜活的事例来教孩子ABC 理论和解释风格。比如，我们可以告诉孩子：不要马上生气，想一想为什么？有什么办法？这个小朋友现在想玩这个玩具，他以后会让你玩这个玩具的；虽然这个小朋友不让你玩这个玩具，但其他小朋友愿意与你分享他的玩具；你能不能想一些方法说服这些小孩子一起玩玩具呢？

7~12 岁的孩子

ABC 理论和解释风格，在孩子 7 岁左右上小学的时候就可以教给他们。我们可以用孩子听得懂的语言，以具体的实例，向他解释 ABC 理论和解释风格。当孩子面对一个负面事件时，我们可以用通俗易懂的语言帮助孩子了解，对这件不开心的事，不是只有生气、难过、发脾气这些负面反应，我们完全可以通过"转念一想"，来用积极的想法看待同样一件事。请参见表 3-8 的"转念一想"游戏示例，并以此为参考，跟孩子做"转念一想"游戏。

12 岁以上的青少年及成年人

12 岁以上的孩子可以做一些由简单到复杂的 ABCDE 练习。

首先，认可孩子的问题。认可问题就是确认孩子的负面事件 A，并且让孩子感觉到他们被听见了。这时我们需要启发孩子注意自己的感受和行为，也就是他们的 C，然后帮助他们了解自己对这件事的理解，这就为挑战他们的 B 打下了基础。

其次，给孩子在心里埋下一粒种子，就是他们可以挑战自己的自动化思维 B。也就是说，他们可以寻找证据来挑战自己的想法，

[思考与练习]

"转念一想"游戏

表 3-8 "转念一想"游戏示例

问答	活动	讨论	总结
• 问孩子： 你觉乐观是什么？ • 启发孩子思考和回答： （1）保持积极向上 （2）关注好事而不是坏事 （3）相信好事比坏事多，好人比坏人多 （4）相信好事会发生 （5）考想好事发生的各种情况，而不是仅担心可能发生的坏事	• 跟孩子一起裁剪一张纸，做出 10 张小卡片，每张卡片上都写一件让孩子不开心的事，然后跟孩子说： 　　我们可以选择把卡片上的每件事都看成是坏事，也可以通过"转念一想"，来找到那件事好的方面，或者把坏事变好事的方法。什么叫转念一想？就像你可以转动身体一样，我们也可以转变自己的想法。当们去"转念一想"时，你就能够把身体转到背面去，再次转一想时，你再转一次。	• 家长大声朗读每张卡片，给孩子留出时间思考：如何将这件事"扭转"为积极的事物。每次孩子想到了一种方法，就把身体旋转 180 度。 • 根据孩子的年龄，每次可以做 1~10 张卡片的练习。每当孩子转了一次身，就让他说出自己的想法，即那件不开心的事，有没有好的方面，或者，他有没有办法把这件坏事变成好事。如果孩子想不到，家长可以进行启发和帮助。 • 和孩子一起把 10 张卡片上的问题都讨论完之后，再让孩子分享他在这个"转念一想"游戏中有什么感受。	• 和孩子一起总结： 　　在生活的每一天，我们都会面对自己不喜欢的事。我们可以选择不开心、抱怨、发脾气、消极地看待这些事，也可以选择乐观地看待这些事！ 　　今天和以后的每一天，我们都专注于生活中的好事，而不是坏事，并且努力地去把坏事变成好事。 　　我希望能知道明天和后天都有哪些的"转念一想"！

把自己认为很糟糕、很灾难的那种想法"去灾难化",并进一步选择更积极和有建设性的解读,这就是 D 的雏形。

最后,根据孩子的社交能力,可以提出一些解决问题的方法,引导孩子采取具体的行动来解决问题,这就是 E。

具体而言,你可以与孩子做以下的操作。

(1)确定具体的问题。这就是定义 A(Activating Events)。

(2)表示孩子的感受是正当的,他是可以被理解的,确认他的感觉和行动。这就是指出 C(Consequences)。

(3)让孩子分享对这件事的想法。这就是确认他的 B(Beliefs)。

(4)挑战孩子的想法,给孩子埋下"去灾难化"思维的种子。这就是引出与负面想法进行争论的 D(Decatastrophise)。

(5)鼓励孩子采取行动。这就是 E(Energise)。

ABC 模型及进一步的 ABCDE 方法,能够让我们和我们的孩子从负面的想法和情绪中解放出来。虽然我们并非总是能够控制自己的处境,但是我们可以控制自己的想法和行动。除此之外,本章中介绍的这些理论和方法还能帮助孩子发展社交和情绪技能,以及解决问题的能力。通过长期进行类似的练习,我们和我们的孩子就会逐渐形成积极乐观的心态,并在面对困难、挫折的时候,能够恰当地去行动。长此以往,我们和我们的孩子就能够超越既定的环境,从逆境中恢复,心理韧性也就由此变得更加强大。

【思考与练习】

ABCDE 练习

12 岁以上的青少年或成年人，请按以下程序做 ABCDE 练习（见表 3-9）。

1. 写出三件激发性事件（A），尽量客观。

2. 写出自己的信念和想法（B），即在事件发生的时候，你的想法是什么？

3. 写出自己的反应（C），你有怎样的感受？你如何对事件做出回应？

4. 写出与负面想法进行争辩的 D，反思自己的解释方式：你的想法是正确的吗？这些想法是对你和他人有帮助的吗？你怎样去检验这些想法？如果当时你有不同的想法，你的反应会有什么不同？

5. 写出行为计划 E，当有类似的情况发生时，你希望自己有怎样更加准确、更有建设性的想法？你现在可以做什么，以便将来在面临事情时能够有更积极和更具有建设性的反应，来让自己变得更加积极乐观及更有韧性？

表 3-9　ABCDE 练习

事件 （A）	对事件的解读 （B）	反应 （C）	去灾难化的争辩 （D）	重新解读与行动 （E）
1.				
2.				
3.				

第 4 章

—

审视价值，
活出意义

—

内心的自动化声音

你或你的孩子是否有过这样的想法：

"我一定要做人上人！"
"没考上理想的学校，我真是个笨蛋！"

你是否对孩子说过这样的话：

"你要是考不上好大学，就找不到好工作，这辈子就得在底层混！"
"你不好好努力，将来就得给那些努力的同学打工！"

如果这些想法和做法没有让你或你的孩子更加积极向上，反而让你或你的孩子更加自卑或焦虑，这并不奇怪，因为这些想法代表了可能给我们带来负面结果的思维陷阱和深层信念。它们是我们内心的自动化声音，就像一台自动化播放的广播，我们往往意识不到，但它们的声音会深深地影响到我们。因此，我们需要意识到它们的存在，检验它们，并且同它们进行辩论和抗争。

10 种常见的思维陷阱

要了解纷繁复杂的世界，人类必须归纳出一套关于世界如何运作的基本规则。这个归纳过程会大大地提高人类思考的效率，但也可能让我们陷入固定的思维模式，在一些情况下形成对现实扭曲的认知。著名的心理学家亚伦·贝克（Aaron Beck）、阿尔伯特·艾利斯等人提出了人们常见的一系列扭曲的认知（Cognitive Distortions），也被称为思维陷阱。

扭曲的认知是指，我们的思想让我们相信某件事以某种方式运作，但实际上这些想法就像 P 图一样，扭曲了现实。这些不准确的想法通常被人们不自觉地用来强化自己消极的思维模式，告诉自己一些在当下听起来看似合理和真实的事情，但实际上这些想法只会引起消极和悲观的情绪和行为。当我们对这些想法不加检测地相信时，我们的大脑就被这些消极的想法"劫持"了。

心理学家们总结了人们经常出现的思维陷阱。下面列出了 10 种最常见的思维陷阱、它们的特点，以及为什么有害。在阅读以下内容的时候，请思考你自己、你的孩子或你所关心的其他人是否存在这些思维陷阱。

1. 绝对化

● 也被称为"全或无思维""黑白思维"或"极化思维"。拥有这种思维方式的人以绝对化的方式来看待生活：要么好要么坏、要么成功要么失败，没有中间值。

● 自己或他人做得有一点不完美，就认为完全是失败的，难以接受"足够好"或"部分成功"。

绝对化

与同学闹矛盾了，孩子认为："没人喜欢我，我完全不擅长人际关系。"

孩子没考上理想的学校，家长说："你简直是个废物，白养活你了！"

2. 过度概括

- 基于少数经验而做出普遍性的判断，从单一事件中得出广泛的结论。例如，将"单一的负面事件"视为"普遍的糟糕"，即便只有一件事没做好，也认为是全面的失败（如同此前介绍的解释风格中的"普遍化"），或者将"短暂的负面事件"视为"永无止境的坏事"，即便只有一次没做好，也预计失败会一遍又一遍地发生（如同此前介绍的解释风格中的"永久化"）。

- 喜欢给自己或他人贴上负面标签，将失败归咎于人的性格、能力或属性，而不是就事论事。

过度概括

一位朋友对你不满，你认为："我总是处理不好人际关系，我没有真正的朋友。"

考试没达成目标，孩子认为："我一直不擅长考试。"

一件事情没做好，给自己贴标签："我是一个失败者！"

3. 隧道视野

● 像在隧道里一样，只看到局部而看不到大局和整体，一叶
障目、不见泰山。

隧道视野

为了让孩子赢在起跑线上，决定让孩子早上学，甚至为此提前
做剖腹产。没有看到早产的危害，以及在同年级年龄最小对孩子发
展上可能的不利。

4. 个人化

● 将问题不恰当地归因于自己。当问题并非自己导致的或自己对事件并无控制力时，将责任加诸己身。无论出现什么问题，都是"我"导致的，都是因为"我"不行，都是"我"的错（如同此前介绍的解释风格中的"个人化"）。

● 过度承担不属于自己的责任，过分责备自己，从而产生内疚感。

个人化

　　丈夫因加班工作感到很累，回家后话很少。妻子想："我一定是做错了什么，让他不高兴了。"

　　孩子成绩不好，父亲认为，自己不是一个好家长。

5. 外在化

● 这是个人化的反面。不适当地将责任自动化地归咎于他人或外部世界，无法看到自己可控制的逆境因素，无论发生什么事，都是别人的错，都是社会的错。

● 通过这种方式，避免承担个人责任，并进而产生受害者心态。

外在化

孩子没有考上理想的学校，指责父母："都是因为你们不如别人的父母，没有给我提供好的条件！"

找工作不顺利："社会太不公平了！"

6. 放大与缩小

● 高估负面事件而低估正面事件，导致把事情灾难化。

● 放大积极因素并低估消极因素。

放大与缩小

孩子没考上理想的中学，家长：

"这简直是我们家的奇耻大辱！"（放大化、灾难化）

"这有什么关系，孩子不上学也无所谓。"（缩小化）

7. 负面过滤

● 只聚焦于负面事件，而看不到任何积极的或好的事件。就
像拿了一个滤镜一样，把好事都过滤掉，只让消极和负面
的事件进入自己的视野和心灵。

负面过滤

在学校所做的演讲得到的大多数都是赞美和积极的反馈，但也收到了一小部分批评。在演讲之后的几天里，孩子一直为这个负面反应而心烦，完全忘记了他得到的所有积极反馈。

8. 妄下结论

● 在没有事实依据的情况下进行假设，在获得足够的证据支持之前过早下结论（通常是负面的）。

妄下结论

　　你给一位朋友发了一封长邮件，详细描述了你所遇到的困难，但是对方的回复却只有一句话。你想："他对我的处境毫不关心。他只关心他自己。"而实际上对方很关心你，在繁忙的会议中仍抽空给你做了一个简短的回复。

9. 应该模式

● 对自己或其他人应该和不应该如何表现，有铁一般的规则。当自己的期望和标准落空时，感到失望、沮丧、焦虑、愤怒。

应该模式

对自己："我不应该让任何人不喜欢我。"

对孩子："我为你做了一切，你就应该学习好，必须在同年级排到前 5%！"

10. 正确战士

● 总是要证明自己是对的，为此不惜与人发生冲突，或者扭曲事实。

正确战士

对孩子："我说了你不听，现在证明我是对的了吧！"
对同事或朋友："你按我说的做，准没错！"
对配偶："你错了，我是对的！"

识别与避免思维陷阱

　　我们越是能精确和全面地看世界，就会越坚韧。因此，培养心理韧性的一个重要技巧就是避免扭曲的思维，因此我们首先要能够识别自己的思维陷阱。

　　上面列出了 10 种常见的思维陷阱。虽然几乎所有人在一生中都或多或少地会产生一些扭曲的认知，但是我们每个人往往最容易受到两三种思维陷阱的影响。

　　以下是针对思维陷阱的解决对策，以及在避免思维陷阱时，我们需要问自己的一些简单的问题，也附上了思维陷阱常用的关键词，以帮助我们识别不同的思维陷阱（见表 4-1）。

表 4-1　思维陷阱的解决方案

思维陷阱	识别关键词	对策	自问的问题
绝对化	• 不是……就是	• 考虑中间地带	• 这件事是不是非黑即白？有没有中间状态？ • 我能否接纳"足够好"？
过度概括	• 总是、从来、一向（时间维度） • 所有、全都、一塌糊涂（范围维度）	• 更仔细地研究所涉及的行为	• 有哪些特定的行为可以解释这种情况？ • 是否有就事论事的解释？ • 根据这一特定事件给我（或他人）的性格和品德贴标签是否合乎逻辑？
隧道视野	• 这件事最重要	• 重新聚焦于全局	• 什么是大局？ • 这一方面对全局有多重要？
个人化	• 都是我不行 • 都是我的错	• 打开眼界，向外看 • 对自己的情况进行准确分析，避免夸大自己的责任	• 是否有他人、环境或其他因素促成了这种情况？ • 这个问题有多少归我负责，多少归外因负责？
外在化	• 都是别人的错	• 审视自我，承担责任	• 我对这种情况产生了多少影响？ • 问题中有多少是由别人造成的，又有多少是我造成的？ • 我能做什么来改变它？

（续表）

思维陷阱	识别关键词	对策	自问的问题
放大与缩小	• 不得了了 • 没事儿	• 全面考量、准确评估、力求平衡	如果你倾向于放大劣势： • 有好的一面吗？ • 我做得好吗？ 如果你倾向于否定负面因素： • 我是否忽略了任何问题？ • 我是否没看到负面因素的重要影响？
负面过滤	• 都是坏事	• 做成本与效益分析 • 评估从长远来看，过滤掉积极的一面并关注消极的一面，对自己和他人是有益的还是有害的	• 对整个情况的公正评估是什么？ • 我遗漏了什么重要的东西？ • 是否有积极的事情是我没有注意到的？
妄下结论	• 就是这样	• 放慢速度	• 有证据吗？ • 我根据什么证据得出结论？ • 我对此是很确定还是在猜测？
应该模式	• 你（我）必须、应该 • 你（我）不应该	• 检视自己的标准	• 谁规定了这些应该与不应该？ • 我是否对自己或他人有不切实际的期望？
正确战士	• 你错了 • 我是对的吧	• 站在客观的角度看待自己和他人	• 他是不是有他的道理？ • 我是不是有局限之处？

【思考与练习】

识别思维陷阱

以下练习可以帮助你的孩子了解、评估并减少扭曲的认知，这是减轻脆弱感、提升心理韧性的重要一步（见表 4-2）。我们要帮助孩子意识到，有时人们会陷入思维陷阱，这是一种无益的思维方式，会导致负面想法，从而降低韧性。通过与孩子一起学习人类常见的思维陷阱，让他了解并能够识别会影响自己的思维陷阱。

让孩子说出或写出不同思维陷阱的关键词，如果孩子认为自己存在某种思维陷阱，请在相应的栏目打钩。

表 4-2　了解思维陷阱

思维陷阱	关键词	可能的表现	我有吗
绝对化		求全责备、完美主义	
过度概括		以偏概全	
隧道视野		一叶障目	
个人化		责备个人	
外在化		向外卸责	
放大与缩小		灾难化或过度乐观	
负面过滤		看不到好事，只关注坏事	
妄下结论		不先瞄准就开火	

（续表）

思维陷阱	关键词	可能的表现	我有吗
应该模式		以刻板的标准要求人	
正确战士		自以为是	

捕捉思维陷阱

　　每周让孩子关注一种思维陷阱（如妄下结论），并让他捕捉每次陷入这种思维陷阱的时刻（如"老师就是不喜欢我"）。然后，让他提醒自己思考，为什么这种想法会导致问题（如"妄下结论会让我不开心，也会跟老师产生隔阂"）。这样做一周左右，再选择另一种思维陷阱来关注。每当孩子感到脆弱时，要鼓励他认识到自己内心的负面信息，并尝试找出他可能陷入的思维陷阱（见表 4-3）。

表 4-3　捕捉思维陷阱

时间	思维陷阱	陷阱中的想法	为什么是个问题
（举例）	妄下结论	老师就是不喜欢我	妄下结论会让我不开心，也会跟老师产生隔阂
第一周			
第二周			
第三周			
第四周			
第五周			

（续表）

时间	思维陷阱	陷阱中的想法	为什么是个问题
第六周			
第七周			
第八周			
第九周			
第十周			

用 ABC 理论改变思维陷阱

成年人和青少年可以独自完成以下练习，或者与伙伴一起完成，儿童可以在家长的引导下完成（见表4-4）。

具体做法是：

1. 首先描述最近遇到的一个负面事件（A）；

2. 说出或写出当时自己的负面想法（B）；

3. 思考这些负面想法属于哪种思维陷阱（可对照10种思维陷阱）；

4. 在产生这些负面想法时，自己当时的感受和行为是什么（C）？

5. 你怎样通过"转念一想"，来用积极的想法取代消极的想法？

6. 有了积极的想法之后，你现在的感受如何？

7. 你将采取哪些新的行动？

表 4-4　改变思维陷阱

1. 负面事件（A）	
2. 负面想法（B）	
3. 思维陷阱	
4. 情绪与行为（C）	
5. 新的想法	
6. 新的情绪	
7. 新的行动	

反思深层信念

在本章的开头，我们谈到，很多家长都望子成龙，而且认为成功就是要学习好、上名校、找好工作，做"人上人"。

但是，当记者采访芬兰几个八九岁的孩子，问他们什么是成功时，其中一个孩子说："当你有一份工作，有一个妻子，有一些钱时，你就算是成功了。"另一个孩子说："没有什么最好的，每个人都是一样的好，都是平等的。"

看来，在不同环境下长大的孩子，对于什么是成功或失败，未来的理想生活应该是什么样的，有着截然不同的理解。

这就涉及人的深层信念。所谓深层信念，是指人对于世界应该如何运行、自己是谁、自己在世界中应该如何自处等深层的、核心的看法。说白了，深层信念就是我们的人生观、世界观和价值观，即所谓的"三观"。由于这些深层信念是我们用来指导自己生活的通用规则，因此它们会影响我们在各种逆境下的反应方式。

思维陷阱是扭曲的思维模式，这种思维模式是相对浅层的，而深层信念则是我们核心的三观，它决定了我们思维的内容，也是导致思维陷阱的底层逻辑，因而影响我们的心理韧性。

比如，有些孩子好逸恶劳，在学习上和文体活动中缺乏努力奋斗的内在动机。深层的信念可能是孩子认为，人活着不是为了吃苦，过享受和舒服的生活才不枉此生。

同时，也正是由于深层信念是一般性的规则，一旦我们对非建设性的深层信念进行了挑战，我们将在生活的许多方面都会变得更有韧性。

具体做法是，**让自己的深层信念浮出水面，对其进行评估，并从本质上确定支配你的信念是否有建设性**。

关于人的深层心理需要，被心理学界普遍认可的理论是自我决定理论（Self-determination Theory）。著名心理学家爱德华·L. 德西（Edward L. Deci）和理查德·瑞安（Richard Ryan）指出，人有三大基本心理需求：**自主、胜任和联结**，当这三方面的需求都得到满足时，人会有自我决定感，会感到健康与幸福。

与此对应，对人**尤其是对孩子影响最大的三个深层信念是：控制、成就和接纳**。

为了满足自主、胜任和联结的心理需求，人们需要有控制感、成就感和被接纳感。但是，这些深层信念如果走向极端，会对我们的韧性和幸福产生不利影响。

● **控制**——以控制为导向的人认为，自己能负责和控制事件是非常重要的。特别重视控制感的人往往对自己无能为力或无法改变结果的情况很敏感、感觉很不好。

● **成就**——以成就为导向的人深信，成功是人生最重要的事情。过度重视成就的人认为，如果不成功，自己的人生就没有价值。这些重视成就的人，往往也有完美主义的深层信念。

● **接纳**——以接纳为导向的人认为，被别人接受、包容、喜欢和赞美很重要。过分看重接纳的人非常看重面子，对人际交往和冲突特别关注，而且倾向于反应过度。

* * * * * * * * * *

过去，人们衡量成功的标准是，你在你们学校、你们村或你所在的城市是否出色。而在互联网时代，每个人都能了解全世界的事，人们开始以全国甚至全世界最优秀的人做标准，去衡量自己及自己的孩子的成功与失败。

我们以国际名模为标准来衡量自己的身材，以顶级富豪为标准来衡量自己的财富，以天才为标准来衡量自己的智商。

在网上到处看到的消息是：别人家的孩子被清华、北大、常春藤等名校录取了，"80后"的公司上市了，"90后"实现财务自由了，"00后"进华尔街投行了……如果你还不当回事，会有人谆谆提醒你，你"被时代抛弃了"，你的阶层被固化了。这一切会让你产生失控感、失败感和被排斥感，于是很多焦虑的家长把翻盘的希望放到了孩子身上。

与此同时，社交媒体让每个人都有了展示自己的舞台，几乎人人都在网上分享感受或晒自己的生活，于是大家都开始关注自己的公众形象，很多人都会努力展示自己舒适、奢华或潇洒的生活，希望被认可和羡慕，这给观看者带来了更多的攀比对象和被碾压的焦虑。

时代的变革、网络技术的发展，让每个人都有了成功和成名的机会。这从平等的角度看当然是好事，但从心理的角度看，这也给我们带来了巨大的压力。既然人人都有机会，如果你没有成功，就只能在"内控点"上找原因：这都是因为自己不行！

众多心理学的研究证明，社会比较尤其是"向上比较"，非常有损人的幸福感；以财富、权力和"面子"为核心的功利主义的价值观，不利于人的身心健康和幸福。

因此，我们需要静下心来，对社会的价值观及自己的深层信念进行检验，以寻找与确定对自己的身心健康、心理韧性和幸福感有利和不利的深层信念。在练习这项技能时，你可能会发现以前没有意识到，自己拥有一套基本的深层信念，也就是一些核心的三观，这些信念在各种情况下都会影响你的想法、情绪和行为。挑战深层信念对于那些有悲伤、愤怒、焦虑等情绪的人特别有效，能够帮助他们进行自我肯定，从而提升心理韧性。

【思考与练习】

挑战深层信念

1. 我的深层信念是什么？什么对我最重要？

2. 这些深层信念对我有什么帮助？给我带来了哪些问题？

3. 我该如何改变这些深层信念，以提升心理韧性和幸福感？

我的信念之旅：思考真正想要的人生

人类与动物的区别在于，人类心理上的痛苦并不总是来自于生理上的不适或具体的生活问题，很多时候，心理上的挣扎来源于对价值观和生命意义的思考。

心理危机干预专家徐凯文老师，帮助过很多有抑郁症和有自杀倾向的学生。很多学生有超高的智商和多方面的才能，本可以在很多事情上成功，过幸福的生活。但是，他们不知道生活的意义是什么，于是陷入痛苦中不能自拔，患上严重的抑郁症，甚至有自杀行为。徐凯文老师将这种现象称为"空心病"。

一位学生这样描述自己的心理状态：

"我感觉自己在一座四分五裂的小岛上，不知道自己在干什么，要得到什么样的东西，时不时感觉恐惧。19年来，我从来没有为自己活过，也从来没有活过。"

一位高考状元在一次自杀未遂后这样说：

"学习好、工作好是基本要求，如果学习好，工作不够好，我就活不下去。但也不是说因为学习好，工作好了我就开心了，我不知道为什么要活着，我总是对自己不满足，总是想各方面做得更好，但是这样的人生似乎没有头。"

* * * * * * * * * *

我很理解这些年轻人，因为在我年轻的时候，也曾经历过大约十年的精神危机。

从初三开始，我常常思考社会和人生问题。青春期孩子的敏感、愤世嫉俗加上理想主义，让我陷入形而上的思辨中难以自拔。苏格拉底说，未经审视的人生是不值得过的；孔子说，朝闻道夕死可矣。我还没有想清楚人生与社会，还没有找到生命的意义，我该怎么活下去？

作为一个早熟的女孩、一个所谓的"好学生"，整个初三和高中，我都掩饰得很好，看起来阳光爽朗，还颇具领导力。但只有我自己知道，我的心被一团黑色的云雾笼罩着，我无数次地在内心里尖叫，无数次地想过要逃到一个没有人烟的地方……

大学期间我不再掩饰了。当同学们坐在草地上弹吉他、晚上在校园里牵手谈恋爱时，我总是绷着一张"深刻脸"，匆匆地从他们身边走过，去图书馆里读书：人物传记、古典文学、存在主义哲学……当时我很喜欢俄国作家米哈伊尔·尤里耶维奇·莱蒙托夫的诗歌《帆》，床上还挂着一张描绘《帆》的意境的油画。我如今仍能背诵它。

帆

莱蒙托夫

在乌云翻滚的大海上，

一叶孤帆闪耀着白光。

它寻找什么，在遥远的异域？

它抛下什么，在自己的故乡？

波涛汹涌，狂风呼叫，

桅杆弓着腰喀喀作响；

它并非只是在寻找幸福，

也不是为逃避幸福而奔向远方！

下面是比蓝天还澄澈的碧波，

上面是金黄色灿烂的阳光，

而它，在不安地祈求风暴，

仿佛在风暴中才有着安详！

在读书和思考的同时，我还积极地在身边寻找智者（那时没有互联网）。一旦找到我觉得有智慧的人，就会急切地用那些"炙烤"着我"心灵"的问题去"折磨"他们。

遗憾的是，我始终都没有得到让我满意的答案。

心中失望、凄凉又悲怆，20来岁的我经常在心里哼唱一些悲伤或悲壮的歌。

这样度过青春期的文艺女青年，有点心理问题，也就不足为奇了。我从未被正式诊断过，多年后自我评估，从15岁到25岁，我大约经历了轻度到中度的抑郁，主要是由于想得过多导致的。

随着走向社会，应对一个又一个现实生活的考验，我的注意力被迫从自身转向了外界、从思辨转到了现实；生活的打磨，让我的应对技能不断提高，也让我的神经变得越来越粗糙，在不知不觉中，我的青春期精神抑郁不治而愈了。

接下来，出国、工作、学习、成家……忙忙碌碌间很多年都没有静静思考人生的奢侈，直到2002年。

那是一个风雨交加的夜晚，我因为白天过于紧张和劳累而失眠。辗转反侧间，我突然想起了那个曾经困扰我多年的问题。我问自己：

如果现在有一个年轻人，像当年的我一样，深受人生问题的困扰。他来问我：人生的意义到底是什么？我们究竟应该怎样度过自己的人生？

我能回答他吗？我该怎么回答？

像电闪雷鸣一般，三个想法浮现在我的脑海中。

第一，我要过丰富多彩的人生（live life to the fullest）。

虽然我小时候没有看过《不一样的卡梅拉》这套书，但是我从小就像那只叫卡梅拉的小鸡一样，不满足于鸡窝里的生活，总想看看山有多高、海有多深、世界有多大。我觉得，如果只是做一只井底之蛙，局限在一个狭小的地方，过单调的生活，体验狭窄的内心世界，太辜负我们仅有一次的宝贵生命了。

不过，丰富的人生不等于顺利的人生。丰富的人生，既包括那些顺利、光明、开心的时刻，也包括那些坎坷、挣扎和痛苦的经历。所有这些生命的起伏跌宕加起来，才构成丰富的人生，让我们的生命更有宽度。

第二，我要实现自己的潜力和价值（realize my potential）。

过丰富的人生，并不意味着仅仅就是体验生活，我还希望自己的人生有所成就。之所以将成就作为人生的目标之一，是因为我意识到自己向往淡泊和出世的生活，这种倾向如果走得太远，就会使人变得"佛系"甚至懒散。因此，我需要保持奋斗精神，在事业上不断进取。天生我才必有用。和每个人一样，我也有一些独特的长处，有自己热爱的事情，所以我希望我的生命是有价值的，能在一些领域有所建树，让我的生命有深度。

但是，成功不是跟别人比，而是做自己热爱的事情，把自己的潜力尽量地发挥出来，是一种自我实现。

第三，我要让世界因为我而变得更好(make the world a better place)。

无论是过丰富的人生，还是实现自己的价值，都是关于"我"。我自问：如果我自己的生活丰富多彩，事业也很成功，我会觉得非常满足吗？这么一问我立即就意识到，不会的。如果我的家人过得不好、如果这个世界不够好，我不会觉得特别幸福和满足。所以，一个好的人生还应该有高度，做一些事，让别人甚至很多人，因为我的存在而变得更好，这样我才会觉得我的人生是有意义的。

我把上述三点归纳为：丰富的人生、成功的人生和有意义的人生，我将其称为"人生追求的三境界"，当我为达到这个境界而活着时，我才会感到充实和幸福，因此，我也把自己的这套简单的生活哲学叫作"通往幸福的三条路径"。

从2002年开始，我一直在生活中实践自己的这套人生哲学（深层信念），我发现，至少对我来说，是很有指导意义的。

比如，我曾经花了好几年的时间帮助家里人。虽然我的父母、兄弟姐妹及他们的孩子都很优秀，但他们在到国外探访、移居、生活、读书、工作等方面，都曾一度需要帮助。我前前后后花了大约十年的时间张罗各种家里的事，大家庭里的每个人也都在我家里住过至少一年，而父母近20年都与我同住。不止一位朋友提醒我，说你在家里的事情上花的精力，读一个学位都绰绰有余了。你是很有希望在事业上有所成就的，你不觉得这些日常琐事对你的才能是很大的浪费吗？

如果没有一套自己的人生哲学，我可能真的会抱怨自己的"付出"。但是对这个问题，我早就已经想通了。我的人生幸福的三个要素之一，就是要让别人因为我而变得更好，因此，帮助家里人，不是付出，而是幸福的一部分。

我的这套人生哲学，也很有助于发展我的韧性。因为我追求的是丰富的人生，所以任何的挫折对我来说都不是坏事，它是我丰富多彩的人生的一部分，是我的财富。这种想法本身就让我在面对任何坎坷的时候，都特别地能够接纳。

这套人生哲学也让我在这个充满了攀比和功利的社会中相对地有自己的定力。我不羡慕别人的功名利禄，也不在乎别人怎么看我，这让我少了很多的焦虑和虚荣。

希望你也能思考自己的深层信念，建立自己的人生哲学。

【思考与练习】

我的人生哲学

1. 在你的生活中，最重要的 3~5 件事是什么？

2. 你有自己的人生哲学吗？请总结一下。

3. 你对本书作者提出的追求幸福的三个途径有什么看法？请写下你
   的想法。

人文教育，滋养心灵

有一个中年男人，身强体壮，武功高强，但却有"妇人之仁"。下属生病了，他只知道去给人家送个饭，安慰几句，下属跟着他没什么前途。尤其是，他总是打不赢一个无赖，最后被对方带人团团围住。在困境中，他保护不了自己的爱人，导致爱人自杀身亡。最后，他打了败仗，觉得对不住家乡父老，自己也自杀了。

有一个富二代小伙儿，他父亲被人害死了，母亲被害人者霸占了，家财也全都被坏人夺走。这样的杀父夺母之仇焉能不报？但是他在坏人就在眼前的时候，却犹豫不决，好长时间也下不了手。因为贻误了良机，他不仅没把坏人消灭，自己还差点被对方毒死，结果他母亲为了救他，也被毒死了。他最后好不容易才把坏人消灭，但自己也被坏人给消灭了。

这两个人，按照当下的标准，是不是都是标准的"失败者"（Loser）？

你知道他们都是谁吗？

前者是西楚霸王项羽，后者是威廉·莎士比亚（William Shakespeare）笔下的哈姆雷特。

欧洲古典文学和戏剧中哈姆雷特对"生存还是毁灭"的思辨，我国历史上那些失败的英雄（如项羽）、韧性的反抗者（如伍子胥）、那些单身鏖战的武人（如李陵）、抚哭叛徒的吊客（如司马迁）……曾经是那么打动我们的心灵。

但是现在，人们不太读那些古典悲剧了，人们喜欢的是精神快餐，是娱乐至死，追求的是一些非常具体和现实的东西，如财富、地位、权利、名声、快感等。

有些人不仅追求的目标功利，而且还急功近利：出名要趁早、孩子要赢在起跑线上、30 岁要实现财务自由、什么都要更快与更好等。

希望获得财富并受人尊敬，这本身并非不合理的需求。问题是，一些人追求的这些东西并无尺度，不是有了多少财富和名气就够了，而是要不停地去超越前面的人，因为自己要做"人上人"。

问题是，虽然现在大多数人都可以过丰衣足食的生活，但"优胜者"永远是少数，"人上人"永远只是那么几个。

这或许是导致很多人焦虑甚至抑郁的重要原因。

当孩子也被纳入这样的价值体系和评价标准时，大多数孩子都被看成了平庸者和失败者，甚至很多孩子自己也这样认为。

113

这或许可以在一定程度上解释，为什么现在的很多孩子，物质上什么都不缺，精神上却非常匮乏和痛苦。

我觉得，强化人文教育或许是抵御青少年心灵危机的一剂良方。哲学、历史、文学、艺术……人类这些宝贵的文化传承，能够帮助孩子们打下厚实的精神根基，让他们的生命之树扎下又深又壮的根，这样他们才能长成枝繁叶茂的大树，而不是像无根的浮萍一样，在社会的潮流中随波逐流，一个浪头打过来，可能就被淹没掉……

我当然知道，现在孩子的学习繁重，很多孩子已经被考试和排名压得喘不过气来，哪有时间和精力再去读那些不纳入考试的文史哲？

办法也是有的。我觉得电影可以起到很好的替代作用，或者说，很多杰出的电影本身，就是人类优秀文化的代表。

看电影不需要花费多少时间，形式喜闻乐见。从好的电影中，孩子们不仅能学到很多知识和技巧，还能受到人生的启迪。

为了帮助孩子提升人生技能和心理韧性，我制作了一系列的"积极成长电影课"，在介绍和推荐了 100 部不同主题的电影的同时，还为家长、老师和孩子设计了相应的活动和讨论。建议家长或老师、咨询师与孩子一同观看能培养孩子韧性的、适合孩子年龄的电影，如《寻梦环游记》《阿信》《阿甘正传》《钢琴家》《辛德勒的名单》《肖申克的救赎》《活着》《霸王别姬》等电影，然后跟孩子讨论下列问题。

【思考与练习】

韧性电影讨论

请跟孩子讨论下面的问题，并把要点写在空白处。

1. 电影中的主角经历了哪些艰难、困苦、坎坷和挑战？

_____

_____

_____

（与孩子讨论这些问题的目的，是让孩子意识到，人生不会一帆风顺，他们喜欢的角色也是经历了很多坎坷的。因为孩子对电影中的角色往往有很强的认同感，所以他们也会自然地接纳和认可，自己的生活也不会是一帆风顺的，也是会有一些艰难困苦的。）

2. 电影中的主角，在遇到这些困难、坎坷和挑战的时候，他们最初的感觉是什么？

_____

_____

_____

（问这个问题是让孩子回忆，电影中的角色也是会难过、伤心甚至害怕的，可能也有过放弃的念头。这样孩子自己在今后遇到问题的时候，出现负面情绪的时候，会比较能接纳自己的情绪，会

认为这是一种正常的反应，而且相信自己也能够走出这些负面
情绪。）

3. 电影中的主角是怎么走出自己的困境的？在这个过程中，他们体
   现出了哪些品质和能力？

   _____

   _____

   _____

   （跟孩子讨论这个问题的用意是让孩子知道，如果能够发现和发掘
   自己身上的优势和力量，他们也能够解决问题，战胜困境。）

4. 电影中的主角在解决问题、战胜困境的过程中有没有得到过别人
   的帮助？别人是怎么帮助他们的？他们又是因为做了什么而得到
   了别人的帮助？

   _____

   _____

   _____

   （跟孩子讨论这个问题的用意是，让孩子在遇到问题的时候学会求
   助。因为没有人是万能的，在需要的时候能够求助别人，而在自
   己有能力的时候去帮助别人，这也是一种非常重要的能力。）

5. 你觉得这个故事，如果不把人物的命运写得一波三折，而是让故
   事中的人物从故事开始到结束，一直都很舒适、顺利，始终都

特别开心。你还会觉得这个故事动人吗？你觉得这部电影还好看吗？

_____

_____

_____

（跟孩子讨论这个问题的用意是，希望他们能体会到真正美好的人生，不见得是一帆风顺、永远快乐的人生。那样的人生既不现实，也缺少美感。人生的美好和壮丽，很多就在这种挫折、坎坷、起伏和奋斗当中。如果孩子能够意识到这一点，当他们在此后的人生中遇到坎坷的时候，他们就不会觉得自己"怎么这么倒霉"，从而精神灰暗；相反，他们会觉得是自己人生戏剧的主角，他们正在自己的人生故事中扮演一个有美感、有英雄气的角色。）

* * * * * * * * * *

关于第 5 个问题及我的思考，不知道读者朋友们是否同意。我本人一直认为，我们衡量自己是不是度过了一个好的人生，不在于我们得到了多少世俗的功名利禄，而在于我们有没有把自己的生命活出心安、活出一股荡气回肠的英雄气。就像罗曼·罗兰（Romain Rolland）所说的："这个世界上只有一种真正的英雄主义，那就是认清了生活的真相后，还依然热爱它。"

—

第 5 章

成长心态，
直面失败

—

表扬是个技术活

有一次，我给几百名学员做家庭教育和个人成长培训，其中讲到表扬的艺术及给孩子带来的不同心态和表现。我将表扬分为 1.0 版和 2.0 版。

1.0 版的表扬：你真聪明、你真棒！——**表扬智力和结果**。

2.0 版的表扬：你真努力、你有进步！——**表扬努力和进步的过程**。

课后有一名学员找到我说："老师，我今天终于明白我表姐为什么那么拧巴了。"

这位学员的表姐小时候是所在小城里典型的"别人家的孩子"，从小聪明、漂亮、乖巧，学习拔尖，还多才多艺，每次学校组织活动，她都是小主持，所以这位学员小时候是表姐的"小跟屁虫"，很崇拜表姐。表姐此后一路作为好学生，如愿地上了一所 985 大学。

遗憾的是，表姐的"人生高峰"就到此为止了。因为表姐读了这所名校以后，发现学校里藏龙卧虎，自己不再是最优秀的了。当然，她在大学里也不是差等生。然后，表姐就做了几件让亲友们很不解的事。一是在大学毕业的时候，她选择不考研究生。二是很多同学努力出国留学，表姐也不去尝试。大学毕业后，她就和男友去了男友的家乡，在那个二线城市的一家科研机构找了一份工作。

后来，这位学员大学毕业后到国外留学，还读了一个博士。她表姐找了个理由，跑到表妹的父母家里大肆抱怨了一番："表妹从小都是我的小跟屁虫，她怎么到国外读起博士来了？！"多年以后，这位学员再次见到了表姐。家族中一位德高望重的长者的孩子结婚时，亲人们从五湖四海聚到一起来参加婚礼。好多年没见的表姐也来了，亲戚们都非常想与表姐聊一聊，因为她小时候可是这个家族的骄傲啊！结果表姐在整场婚礼中不停地跑前跑后给一对新人拍照，尽管人家已经请了专业的摄影师和摄像师。婚礼结束，表姐挥挥手就跟大家告别了。期间有亲戚硬是抓住她问了一下她的情况，得知表姐已经把她的女儿送到国外读中学了，因为她要让女儿离开周围"庸俗的环境"，接受一流的教育，一定要上常春藤，进华尔街。

一个从小优秀的孩子，为什么后来活得这么"拧巴"？心理学家做的研究或许可以回答这个问题。

＊　＊　＊　＊　＊　＊　＊　＊　＊

斯坦福大学著名的心理学家卡罗尔·德韦克（Carol Dweck）和她的同事想研究表扬对儿童发展的影响，他们做了一系列研究，其中一个经典的研究是在美国 400 多名五年级学生中所做的实验。

在实验的第一部分，专家让所有的孩子都做 10 个比较简单的非语言类智商测试，就是判断一些图形之间的关系。在测试结束时，专家们以随机的方式给了孩子们两种表扬，第一种是表扬智力，专家们以权威的语气说："哇，你的分数很高，你在这方面一定是很聪明！"第二种是表扬努力，专家们以权威的语气说："哇，你的分数很高，你在这方面一定很努力！"

在实验的第二部分，专家给孩子们机会来选择接下来的测试。第一个选项是："下一个测试会有点难，但这会是一个很好的学习和成长的机会。"第二个选项是："下一个测试将与此前做过的第一个测试类似，你肯定会做得很好。"大家猜一猜，孩子们会做怎样的选择？

结果是，被表扬很聪明的孩子，有 67% 选择了简单的任务；而被表扬很努力的孩子，有 92% 选择了困难的任务。

在实验的第三部分，专家给了所有孩子一项很难的测试，孩子们肯定会失败，心理学家想看看孩子们在失败面前的反应如何。结果发现，被表扬很聪明的那一组孩子，当发现自己做不好时，非常紧张、沮丧，大汗淋漓，甚至有不少孩子提前放弃，没有人想把测试带回家去继续尝试。当问他们"你为什么没有做好"时，他们沮丧地说："因为我不够聪明！"

与此相反，被表扬很努力的那一组孩子，虽然也同样做得不好，但是他们依旧很努力地在尝试，表现得兴致勃勃。有些孩子还问专家，自己是否可以把测试带回家去继续琢磨，还有孩子问哪里能买到这些图片测试，他们想让父母帮忙买一套，这样他们可以在家里继续研究。当被问"为什么没有做好"时，他们的回答是：觉得时间不够，或者自己还不够熟悉，如果多花些时间练习，他们相信自己是可以做得更好的。

在实验的第四部分，专家给了孩子们一些测试，难度水平与第一轮的测试相当。大家想一想，当做过类似题目时，再做一次，通常会有什么样的结果？一般而言，孩子们应该会做得更好，对吧？对于被表扬很努力的那一组孩子，的确是这样的，他们的平均分数提高了近 30%。引人深思的是，被表扬很聪明的那一组孩子，在这次测试中的表现居然比第一轮差，他们的平均分数下降了 20%。也就是说，被表扬很聪明的孩子与被表扬很努力的孩子，其表现有 50% 的差异，而这巨大的差异竟然是由他们此前所受到的表扬方式的一些看似细微的差异造成的。

思考与练习

测一测

请读下列句子，然后选择你是否同意每一种陈述，圈上相应的选项，然后汇总分数（见表 5-1）。

表 5-1　心态测试

陈述	非常同意	同意	不同意	非常不同意
1. 智力是你的一种非常基础的素质，你无法改变它	0 分	1 分	2 分	3 分
2. 不管你现在的智力水平如何，你总是可以在很大程度上提高它	3 分	2 分	1 分	0 分

（续表）

陈述	非常同意	同意	不同意	非常不同意
3. 只有少数人真正在体育方面有特长，天生具备这种能力	0 分	1 分	2 分	3 分
4. 你在某件事上越努力，你在这方面就会越擅长	3 分	2 分	1 分	0 分
5. 当我得到对我的表现的反馈时，我经常感到生气	0 分	1 分	2 分	3 分
6. 当他人、父母或老师对我的表现给予反馈时，我感激他们	3 分	2 分	1 分	0 分
7. 真正聪明的人不需要那么刻苦	0 分	1 分	2 分	3 分
8. 你总是可以改变你的聪明程度的	3 分	2 分	1 分	0 分
9. 你就是某种类型的人，没有什么可以真正改变这一点	0 分	1 分	2 分	3 分
10. 我做作业的一个重要原因是，我喜欢学习新东西	3 分	2 分	1 分	0 分

资料来源：Dweck, 2006。

记分：

- 22~30 分：很强的成长型心态；

- 17~21 分：以成长型心态为主，有一些固定型心态；

- 11~16 分：以固定型心态为主，有一些成长型心态；

- 0~10 分：很强的固定型心态。

两种基本心态：固定型心态与成长型心态

为什么仅仅是表扬方面的一些细微的差异，会让孩子们的表现有如此大的不同？原因在于，在第一轮实验后，专家以权威的姿态对孩子们做出的评价，给孩子们植入了不同的心态。被表扬很聪明的孩子，植入的是"固定型心态"（Fixed Mindset），而被表扬很努力的孩子，植入的则是"成长型心态"（Growth Mindset）。

德韦克提出，人有两种基本类型的心态，一种是固定型心态，即认为人的智力、能力和品性是天生的、固定的特质，是一成不变的，因此是否成功取决于人对自己天分的展示；另一种是成长型心态，这种心态认为，智力、能力和品性是可变的素质，是可以发展的潜力，因此是否成功取决于人的实践和努力。

在我看来，这两种心态类似于人们对先天与后天的看法。持固定型心态的人特别重视和相信遗传及先天因素的力量，而持成长型心态的人则更重视和强调后天的因素，认为通过后天的努力才能取得进步。

当家长表扬孩子聪明时，实际上是给孩子贴上了在某方面"聪明"的标签，这关乎孩子的自我，孩子对此非常在意。因此，他们会非常看重输赢，看重自己是否能表现得聪明。对孩子来说，这个世界开始变得有点不安全了，他们需要一直证明自己是聪明的；如果不能如此，他们就感到自我的核心被伤害到了。而被表扬努力的孩子，由于他们具备成长型心态，事情做得好不好，只取决于他们是否做出了足够的努力，与自我无关，因此他们不惧怕挑战和失败。

　　因此，在德韦克的研究中，当孩子可以选择简单却无法取得进步的任务，以及困难却能取得进步的任务时，有固定型心态的孩子会根据"在哪种情况下会让自己看起来更聪明"来做选择，这样的孩子会回避挑战，当然也就难以获得成长和进步。

　　在本章开头的案例中，从小被表扬聪明的表姐之所以在大学毕业时拒绝考研究生，是出于她对自我安全感的维护：无论是申请国内的还是国外的研究生，都是一种挑战，只要申请了，就存在被拒绝的可能，而被拒绝就等于自己不聪明、不能干，这是她的自我无法承受的。而不申请就没有被拒绝的可能，对外还可以摆出一副"我根本就不想考、我懒得考"的姿态。这是从小被以 1.0 版表扬的孩子心里非常脆弱的一个地方，他会尽量避开生活给予的挑战。

　　就如德韦克的研究中所发现的那样，被表扬很聪明的孩子难以面对失败。本章开头案例中的表姐之所以在表妹读了国外的博士后心理不平衡，之所以在婚礼上用跟拍和照相来回避与亲戚们聊天，可能是因为她认为自己大学毕业后的处境是一种失败，她不能够面对，所以她刻意回避亲戚们对她现状的关心和询问。

　　也正像德韦克他们所做的最后一个实验一样，表姐原本是有自己独特的素质和潜力的，但她纠结的心态成了她的心理包袱。从她憋着一口气要女儿一定要上常春藤，进华尔街就可以看出，她缺乏平常心。缺乏平常心导致她没有实现自己的潜力，就像在实验的第四部分中一样，孩子们在形成了固定型心态之后，连原本可以做好的题都做不好。

　　因此，**固定型心态会让孩子缺乏心理韧性，而成长型心态则是获得心理韧性的秘诀。**

＊　＊　＊　＊　＊　＊　＊　＊　＊

　　说到要注意培养孩子的成长型心态，一些读者朋友可能会认为，这对外国人很重要，我们中国人天生是具有成长型心态的。且看我们传统文化中弘扬的品质：愚公移山、头悬梁锥刺股、铁杵磨成针等，我们中国人一直都是相信努力的。

　　真的如此吗？请仔细观察，看孩子吹牛的时候吹嘘的是什么："我一学期都在玩，就是考试前临阵磨枪，结果就考了 95 分！"再看看孩子看不起的是什么："××一天到晚死用功！"你看，小聪明是值得吹嘘的、有天分是值得自豪的，而用功的孩子则是被看不起的，"因为你死用功，说明你笨！"

　　讲到这里，大家一定很关心，怎样才能培养孩子的成长型心态，让他愿意迎接挑战、在失败面前不会一蹶不振？首先，如上所言，在孩子做得好的时候，不要表扬他的聪明和素质，而要表扬他的努力和进步，诸如他的决心、专注、策略、毅力及取得的进展等。那么，在孩子做得不好的时候，我们该怎么办？

"尚未"的魔力：一切皆有可能

　　有固定型心态的孩子因看重智力和结果，他们更容易作弊。在德韦克和她的同事后续的实验中，他们给孩子们提供了一些可以作弊的机会。结果发现，被表扬很聪明的孩子，作弊的可能性比被表扬很努力的孩子要高出两三倍。

　　这些有固定型心态的孩子们表示，如果下次他们在考试中还是做不好，他们可能会作弊，而不是去更多地学习。在另一项研究中，在失败后，有固定型心态的孩子们会去寻找比自己做得更差的人，这样他们才能自我感觉良好。一项又一项的研究都发现，这样的孩子倾向于从困难的事情中逃离。

当学生犯错误时，科学家们扫描了他们的大脑。结果如图 5-1 所示。

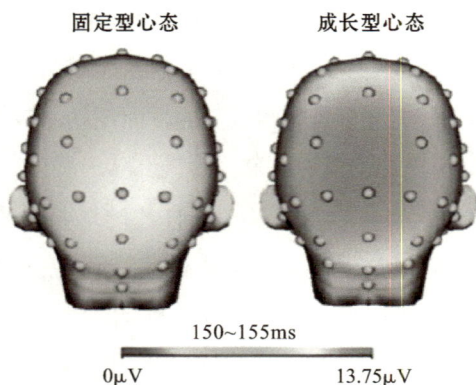

固定型心态　　　　成长型心态

150~155ms

0μV　　　　　　　　13.75μV

图 5-1　有固定型心态与有成长型心态的学生的大脑对比

资料来源：moser 等，2011。

左边是有固定型心态学生的大脑。我们看到，大脑几乎没有什么活动。这些孩子从错误中逃避，他们不再积极地参与相关的活动，他们的大脑没有被充分地激活。右边的是有成长型心态的学生的大脑，活跃地流动的血液让他们的大脑看起来像着了火一样。这些孩子认为，能力是可以发展的，因此他们积极投入面前的任务，从中学习并纠正错误。

那么，到底怎样才能让孩子在失败面前不气馁，不被暂时的挫折而打击到自信心?

　　美国芝加哥有一所高中，在那所学校，学生必须修完足够的课程并且成绩及格才能毕业。但是，如果他们没有及格，他们的成绩不是"不及格"，而是"尚未通过"（Not yet passed）。

　　"尚未"（Not yet）的意思是"暂时还没有"，隐含的意思是，你能做到，只是目前还没有做到。这是一种非常促进成长型心态的评价方式。因为，如果学生的成绩是不及格，学生就会觉得：我学习不好，我一事无成，我这个人不行。但是，如果学生得到的成绩是"暂时还没有通过"，学生就会意识到，自己正处于一个上升的学习曲线的某个点上，通过刻苦努力，自己是可以通过这门课程的。

　　"尚未"也就是"暂时还没有"，是一个非常具有魔力的词。我建议家长和老师多用这个词来帮助孩子正确理解自己的不足和失败，纠正固定型心态，建立成长型心态。

＊　＊　＊　＊　＊　＊　＊　＊　＊　＊

　　当孩子说出固定型心态的话时，家长要引导他们重新理解和复述自己的经历。比如，如果你听到孩子说"我数学不行"，或者是"我理解不了这段古文"，请向孩子指出，这是固定型心态的说法，并且引导孩子建立成长型心态。提醒孩子，他只是暂时还没有学会，但是通过建立阶段性的小目标、找到更好的学习方法，并且努力地学习，他是能够掌握这部分知识的。不仅仅是失败的时候，当孩子自满、故步自封时，我们也可以用"尚未"的思路启发他们继续努力和进步。以下是几个将固定型心态导向成长型心态的例子

（见表 5-2）。

表 5-2　如何引导孩子建立成长型心态

如果孩子说	我们可以这样引导
我数学不行。	• 你只是暂时还没有学会而已。来，咱们多做一些练习。
小朋友都不跟我玩，他们不喜欢我。	• 你只是还没有想到融入小伙伴的方法而已。让我们一起来想想办法。 或： • 他们暂时还没有发现你有趣的地方。你是不是可以做些什么来展示自己的优点？
我不需要学数学了。我的数学总能考得很好。	• 学习能帮助大脑进一步成长。也许你可以让老师知道，这些测验对你来说有些简单，你可以让老师给你一些更难的、具有挑战性的题目。

大脑可塑性：你可以"变得"更聪明

建立成长型心态的另一个非常有效的方法就是教导孩子了解大脑的可塑性。

在美国的学校，从初中二年级开始，数学会急剧变难，这会导致很多孩子的成绩下降。德韦克及其同事做了一项研究。他们找了 700 名初中生，大部分都是成绩不太好的少数族裔学生。将他们随机分为对照组和实验组。对照组的学生课后参加 8 次关于学习方法的辅导，每次 50 分钟；实验组的学生也同样参加 8 次、每次 50 分钟的辅导，但除了学习方法外，还学习成长型心态，具体方法是，学习关于大脑可塑性的知识。孩子们阅读关于大脑神经网络原理的文章，专家告诉学生们，每当他们走出舒适区去学习新的和有挑战性的东西时，他们大脑中的神经元就会形成新的、更强大的连接，随着时间的推移，这些链接变得越来越强，他们也就变得更聪明了。

期末，控制组学生的学习习惯变化不大，数学成绩继续下降；而实验组的学生，不仅学习态度更加自觉努力，而且数学成绩也有明显提升。

为什么了解大脑的可塑性和成长型心态的道理会有助于促进孩子的成长与进步？

孩子们在了解到成长型心态后，在他们心中，挑战和努力的含义已然发生了变化。以前，挑战和努力让他们感到自己是一只笨鸟，因此欠缺心理韧性，想早早放弃；但了解到大脑可塑性和成长心态的原理后，挑战和努力让孩子们感到，那是他们的神经元正在建立新的连接，努力会让大脑建立更强大的神经网络，因此孩子们的心理韧性增强，他们积极迎接挑战，因为他们知道，克服困难、努力进取，也恰恰能让自己变得更聪明。

* * * * * * * * * *

家长和老师可以通过教孩子或让孩子自己学习大脑可塑性原理，来启发孩子的成长型心态，改变孩子的固定型心态。以下是一些建议。

★ 与孩子一起讨论大脑可塑性原理，问你的孩子，他在学校学过哪些跟大脑有关的知识。

☆ 如果孩子没有学过，与孩子一起学习神经网络及大脑可塑性的知识。网上有很多相关的资源。

☆ 为了避免说教的嫌疑，我们可以使用自然的方法教孩子有关大脑的知识。比如，我自己在学习神经科学的时候，就经常叫上儿子跟我一起观看视频，然后进行讨论。我还专门找了几篇关于固定型心态和成长型心态的英文文章，让儿子帮我翻译成中文。其实我并不是非得需要他帮忙翻译，我主要是让他借此学习关于不同心态的概念。

☆ 与孩子一起讨论，哪些东西是他（以及你）目前还未掌握的，但是你们可以通过练习和构建更强的大脑连接来掌握这项技能。

☆ 当你听到孩子说"我不干了"，或者是"我做不到"的时候，请及时提醒孩子，当他学到一些新东西时，他的神经网络就建立起了连接，就像一滴水滴在沙滩上，最初会有一个轻微的痕迹；随着水持续滴下，沙滩上会形成一个窝，一小道水流，最后形成较大的水沟，此时，神经元之间就建立起了新的连接。让孩子对此有视觉化的想象。鼓励孩子努力地工作和练习新的技能，让他们刻意地在大脑中发展出更强的神经连接。

☆ 当孩子说"××是天才"，暗含自己不如别人的意思时，你要及时地与孩子进行成长型心态的讨论，这种讨论往往需要经常进行。

我儿子 2022 年夏季高中毕业，2021 年 12 月要提交所有的大学申请资料，他计划申请 10 所大学。但是，整个春假和暑假，他整天除了运动就是玩乐器：尤克里里、钢琴、架子鼓、吉他、电吉他……天天在 Youtube（油管）上自学乐器弹奏，半夜都在练琴。我当然也能看到积极因素，那就是我从来都不需要逼儿子练琴，相反，经常是他"逼"我听他弹琴和唱歌。但是，眼看暑假都过了一半，儿子连 SAT（学术能力评估考试）都还没考，我就是再不"虎妈"，也暗暗着急。于是，我找来几部励志的电影与儿子一起看，暗中希望输送抓紧努力的信息。不料看完《风雨哈佛路》这部电影，儿子立即发表评论："莉丝的情况对一般人没有参考性。她是一个天才！"于是我不得不循循善诱：不要只看到莉丝的天分，要注意电影中的莉丝是如何刻苦学习的，如何用巨大的勇气克服原生家庭的拖累，如何努力为自己争取机会的……然后，我还提醒儿子，不要忘记过去他学过的那些关于成长型心态的知识，那些关于神经可塑性的知识……

这个不久前发生在我们家的真实事件再次提醒我：即使孩子已经完全懂得努力的道理了，你还是会在不经意间发现，固定型心态对人的影响是很大的；学习成长型心态、学习神经科学，确实是有用的。正是因为儿子以前学过不少这方面的知识，所以当他陷入对天赋的迷思时，一经我提醒，他很快就能意识到，仅仅以天赋来解释别人的成功，是固定型心态的表现。

如何培养孩子的成长型心态

家长在日常与孩子的相处中，可以非常有效地引导孩子培养成长型思维。以下是一些建议。

1. 家长自己建立成长型心态

（1）如果你自己没有成长型心态的话，你很难指望孩子有成长型心态。首先要发现自己的固定型心态，并且让自己逐渐地建立成长型心态。我们甚至可以大声地把这个过程说出来，让孩子听到你是怎样改变自己的心态的。比如，你可能会发现自己说："我做饭很差劲，怎么也做不好这道菜！"然后，你重新表达一次："嗯，我可以上网查一下菜谱，或者是打电话问一下会做菜的朋友，然后我觉得我应该就可以学会怎么做这道菜了。"

（2）我们希望孩子能够享受学习的过程本身，而不仅仅是成功的结果。因此，我们要在家里示范这个过程。比如，当你想做好那道菜，但还是做得不太好的时候，你可以说："我在试着做这道菜的过程中，其实学到了不少烹调的知识。"而不是说："哎呀，我又把这道菜做坏了！我再也不会做这道菜了！"

（3）不要当着孩子的面责备基因或先天不足。我有一个亲戚，经常（往往当着孩子的面）痛心疾首地说，自己在孕期反应太大了，总是吐，什么有营养的东西都吃不进去，只能吃稀饭、咸菜，所以孩子先天不足。其实我觉得她的孩子很正常，但是如果孩子经常接收到自己先天不足的信息，他会有怎样的反应？他可能会想："先天的，我无法改变！"

（4）对天资的赞赏也尽量不要当着孩子的面说。比如，孩子特别聪明、很有天赋之类的话，可能会强化孩子的固定型心态。

2. 用成长型心态来表扬孩子和提供反馈

（1）表扬你的孩子做了什么，而不是他是谁。不要说："你真聪明！你真棒！"而要说："我看到你真是特别地努力、特别地勤奋，尽力地去试了！"当你发现孩子面对挫折正在挣扎的时候，要表扬他们的坚持不懈和韧性。不要表扬孩子的成绩、不要表扬孩子的分数，聚焦在表扬孩子的勤奋认真的态度和努力。

（2）使用"尚未"这个词语。如果你的孩子说他不理解某种知识、跳不好绳、弹不好一首曲子等，请提醒他，他只是暂时还未能够做到，但是通过刻苦学习和练习，他是能够做到的。

（3）尽量避免把自己的孩子与其他孩子做横向比较，成就不是竞争，每个人都有自己特定的成功。但是，我们可以鼓励孩子跟自己做纵向比较：跟过去比进步，跟未来比潜力。

（4）在别人好心给你的孩子 1.0 版的表扬的时候，及时用 2.0 版的表扬来进行平衡。比如，当我跟儿子在一起的时候，如果有人表扬他聪明，我会在道谢之后赶紧补充说："其实大家都挺聪明的；聪不聪明并不是关键，努不努力才重要。"

3. 示范灵活性和乐观

（1）向孩子示范灵活性。向孩子说明，变化是生活的重要部分。当事情没有按照预期的计划实现时，采取灵活的思维和行动方式来向孩子示范这一点。让孩子意识到在计划出现变化的时候，你能够很好地变通，有充分的适应力。当孩子的计划出现了变化，或者是没有得到预期的结果的时候，要表扬孩子的灵活性和适应性。

（2）示范乐观。在家里，采取"杯子半杯满"的心态。一个乐观和有希望感的人相信，在大多数情况下，事情都会有积极的一面。

（3）和孩子玩一个游戏，每次当事情出现了被人们认为坏的一面时，试着发现其中好的一面。这个游戏能把积极心态的信息带给孩子。比如，当不小心把衣服染上了颜色时，一个可能的积极的反应是："好吧，现在我们把这块色斑画成一朵花，这样你就有一件别致的衣服了。"

4. 教孩子人生技能

（1）对孩子的成功来说，认知能力只占一部分，其余大部分都是一些社交和心理技能，而这些能力必须刻意地去发展。作为家长和老师，你可以帮助孩子发展的重要的非认知技能包括自信、坚持不懈、对失望和失败的应对技能、接纳建设性反馈的能力等，而这些都是构成心理韧性的重要因素。

（2）选一些教孩子积极品格和人生技能的书给孩子读，然后与孩子讨论这些能力。

（3）为孩子挑选好看而又有教育意义的电影或电视节目。看完之后，跟孩子讨论里面人物的性格，是具备还是缺乏坚持不懈的态度。比如，你可以问孩子：如果这个人有更多的韧性（或者没有韧性），当时的情形或是故事会有哪些不同？

（4）选择一些与韧性能力相关的词语，并且在家里经常运用。比如，你可以说："我的领导给了我一些比较难的任务。我对此挺感激的，因为他给了我一些可以让我进步的挑战。"或者跟孩子说："我看到你认真地做作业、琢磨着怎么弹好琴。你确实展现出了决心和毅力！"

【思考与练习】

改变你的说法和想法

当听到自己、孩子或其他人说出有固定型心态的话时，请把这些话写到下面的栏目左侧，然后与孩子一起头脑风暴，看看大家能想出哪些包含成长型心态的话，用以代替固定型心态的语言。

建议每天做一个这样的练习，以下是一周的练习。第一行是举例示范（见表 5-3）。

表 5-3　替换心态练习

固定型心态语言	可以替代固定型心态的成长型心态语言
她特别聪明，我赶不上她。	• 每个人都有自己的长处。我也有自己的特长。 • 如果我持续地努力，我能取得更好的成绩。 • 她的大脑神经在这方面已经形成很强的连接了，我也要好好地锻炼自己的大脑。

（续表）

固定型心态语言	可以替代固定型心态的成长型心态语言

了解你的成长型大脑

请跟孩子一起做下面的游戏：

1. 根据本章所讲的内容，给孩子介绍大脑可塑性原理。没学新东西时，神经元之间没有连接；开始学新东西时，神经元之间会细细地连接起来；继续学习，连接变粗变强；熟练掌握这项知识或技能后，神经元之间的连接变得很粗很强。神经元大概长这个样子（见图 5-2）。

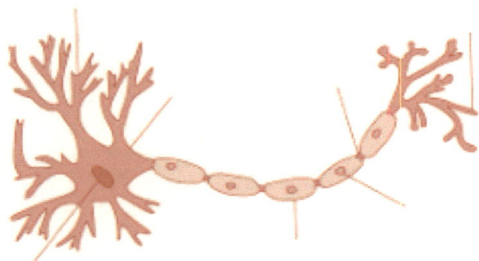

图 5-2　神经元

资料来源：zh.wikipedia.org。

2. 请孩子在下表（见表 5-4）左侧的每一栏分别画出两个神经元，然后根据右侧的学习进展，分别画出两个神经元之间的关系。

表 5-4　尝试画出神经元

	我没学新东西时
	我开始学新东西
	我继续尝试，战胜错误
	我重复练习，直到熟练掌握了这项技能

3. 给孩子一团彩色的线或绳。当孩子学习了一项技能、但尚未完全掌握时，把绳子加一股，拧成粗一些的绳子；而当他们完全熟练掌握了这项技能时，就再加一股绳，拧成一条更粗的绳子（见图 5-3）。

4. 过一段时间，当孩子积累了一些拧好的粗绳后，用这些绳子做一件实用的东西，如晾衣绳，或者做一件艺术品。比如，将绳子绑在玻璃瓶外，做一个编织花瓶，或者将粗细不同的绳子固定好，外面镶一个画框，陈列在家里。

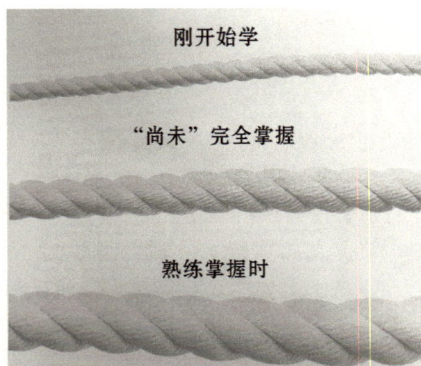

图 5-3　逐渐加粗的绳子

让孩子学会面对失败，并从中培养心理韧性

当遇到节日、毕业、开业、婚礼等时节，全世界的人都会说"祝你快乐""祝你顺利""祝你成功"等祝福的话，中国人尤其讲究吉利。如果此时有人给你下面这些祝福，你会不会生气：

"我希望你时不时地遭遇不公……"

"我希望你尝到背叛的滋味……"

"我祝你偶尔运气不佳……"

你别说，还真有人这样讲了。

2017 年 6 月 3 日，在美国的卡迪根山中学的毕业典礼上，美国最高法院首席大法官约翰·罗伯茨（John Roberts）给了孩子们一份别样的祝福。

这次罗伯茨来一所中学演讲，除了作为成就卓著的大法官、美国两个世纪以来最年轻的首席大法官外，还作为一位高中生的父亲，他儿子正是台下学生中的一员。

罗伯茨给孩子们送上了另类的祝福，并说明了理由，他说：

"在未来的岁月里，我希望你们时不时地遭遇不公，因为这会让你明白正义的可贵。我希望你们品尝到背叛的滋味，这样你们才能体会忠诚的重要。很抱歉，但我希望你们不时会感到寂寞，这样你们才不会把朋友当成理所当然。我祝你们有时运气不佳，这样你们才能意识到机遇在人生中的作用，并明白你的成功并非天经地义，别人的失败也并非咎由自取。当你失败时，我愿你的对手有时会幸灾乐祸，这样你才能了解相互尊重的竞技精神的重要。我希望你们有时会被忽视，这样你们才能领悟为什么需要倾听他人。我希望你们会经历足够的痛苦，这样你们才能发展出同情心。这些事情无论我是否希望它们发生，它们都会发生，而你们是否能从中受益，这取决于你们是否能参透这些不幸所传达的信息。"

这篇演讲表面看似"诅咒"，实则是对孩子们的满满的祝福。罗伯茨希望孩子们在中学毕业后不要一帆风顺，而是要经受一些磨难，这是他从自己丰富的人生历练中所总结出来的人生智慧。正如他所说的那样，这些坏事不管他说还是不说，在孩子们今后的人生道路上都是难以避免的，因为这就是生活。而他之所以在孩子们即将成年之时给孩子们打好预防针，是希望孩子们不仅能够对即将遇到的各种挫折和失败有心理准备，而且能够参悟负面事件的价值，从挫折和失败中增强韧性，获得成长。

无独有偶，据说，美国前总统唐纳德·特朗普（Donald Tramp）女儿伊万卡·特朗普（Ivanka Tramp）的小儿子在受洗时，伊万卡的丈夫贾里德·库什纳（Jared Kushner）给心爱的小儿子的祝福是："愿你此后的生活有一定的艰辛，让你能获得成长；但艰辛又不会过度强大，以致把你压垮。"

当我们捧着一个刚刚出生不久的软软的小婴儿时，谁会想到给孩子的祝福不是"愿你此生平安顺利"，而是"愿你经历艰辛"？但是仔细想想，愿孩子经历艰辛而又不至于被压垮，这不就是希望孩子拥有强大的心理韧性吗？

* * * * * * * * * *

上面讲过，为了提升孩子的心理韧性，在他们做得好的时候，要表扬他们的努力和进步的过程；在他们做得不好的时候，要让他们意识到，他们只是暂时还未做到。现在我们要再推进一步，就是要教会孩子面对失败。我们需要让孩子体会失败，在失败的时候鼓励他们不放弃，并帮助孩子从错误中学习。

下面给大家讲一个我儿子的失败经历。

我儿子六年级的时候在国内的一所国际学校读书，他自己报名参加了北京市的一个英语大赛。说实话，这个比赛就是大人用母语也不容易，因为在两天的时间有好几轮比赛，包括即兴演讲、现场看图讲故事、现场抽选一个小伙伴临时表演节目以及笔试，等等。只有一件事可以提前准备，就是自我介绍。当时儿子用英文写了个Rap（说唱），用 Rap 来介绍自己是谁、自己的兴趣爱好是什么等，我和他爸爸都不懂 Rap，觉得他写得挺好的。但问题是他准备得太晚了，直到去参加比赛的路上他都没有背熟，还让我帮他提词。到了现场，我看到很多女孩子都拿着小纸条在认真地背自我介绍，我儿子一到那里就马上交了一堆朋友，然后和一帮男孩儿追逐打闹。

比赛的第一关就是自我介绍。我坐在台下，看到儿子同一帮小孩一起候场，他看起来很紧张，我隔着几十米都能感受到他狂飙的肾上腺素。这个场面是有点吓人：一个大大的礼堂、气氛紧张严肃，至少有上千名孩子和家长，大家被分成一个一个区。前面的一排坐的是评委，还有一大排摄影机、无数照相机……

轮到儿子上台了。他表情有点僵硬，开头几句载歌载舞，说得还挺好。到了中间，他突然忘词了，越紧张就越想不起来。他不愿意放弃，挣扎着又想出后面一句，但说了两句后又想不起来了。然后又努力地回想，结果实在想不起来，在那里怔了一会儿，然后非常窘迫地说了一声："I'm sorry！"（对不起）鞠躬下台了。

我看着他挣扎，心里替他难受。他是一个很好强的孩子，从七八岁开始就要练他的六块腹肌，希望自己能成为一个很酷的男孩。在大型比赛中，当着这么多人的面忘词，他一定觉得很受挫，也很丢脸！还好，儿子忍住没有哭，但是回到旅馆的房间，他就把被子一蒙，沮丧得再也不想见人和参加比赛了。他说："别人还是讲得好不好的问题，我根本就没讲完，所以成绩肯定是差得一塌糊涂，比下去没有意义，何况这也太丢人了！"

当时会务组给两个孩子安排一个房间，他的室友和妈妈都是非常友善的人，也跟我一起劝儿子。总而言之，我当时跟儿子表达了几个意思：

第一，我理解你。这个场合确实会让人压力很大，紧张的时候大脑会抑制，这个我理解。你觉得丢脸、难受，我也理解。

第二，说实话，你还是准备得不够充分。你想一下，如果骑自行车，你就是再紧张，也不会忘了怎么骑自行车，对吧？因为你已经熟练掌握了骑自行车这项技能。你之所以会忘词，是因为你自己练习得不够，记得不牢，总之是努力得不够。

第三，即便是努力够了，人也不可能完全避免意外。最典型的例子就是运动员，你看那些参加奥林匹克比赛的运动员，那都是世界一流的水平，类似体操、花样滑冰这样的运动，一套动作已经练了千百次，但是，我们见过很多完全有实力拿冠军的选手，结果在比赛中摔倒了、失误了。怎么办？难道哭吗？甩手不干了？退赛？还不是得收拾起情绪继续比赛，很多时候还得面带笑容完成动作。

你觉得你在今天这个场合中丢人，那么那些运动员就是在全世界人面前丢人，对吧？但我们真会嘲笑他们吗？并不会，我们只是替他们惋惜，我们也对他们充满了祝福，希望他们能顺利地完成接下来的比赛，而当我们看到运动员继续进行比赛时，我们对他们的坚韧充满了敬佩。

我苦口婆心地劝解儿子，以后要接受教训，但是今天既然失误，可以输赛，不能输人。这个比赛的结果并不重要，但是既然你自己选择要参加这个比赛，那么就一定要把比赛比完……

儿子还算是能听进去道理，于是他调整了情绪，下午又开始继续参赛。经过了笔试、演讲、表演等几个环节，儿子一路稳定地往上追。

到了比赛结束的时候，他们这个年龄组一共评了十个金奖，我儿子是十个金奖里面的总分第一。

看到儿子在台上领奖，我很欣慰。他得了冠军固然是一件值得高兴的事，但我相信，他在比赛失误的过程中学到的东西，对他更有价值。

他学到的是什么？那就是遇到挫折不要放弃。当时我尽所有的力量去劝说他，就是希望他在遇到挫折的时候不要放弃。我不想让他将遇到挫折和放弃这两件事连起来。如果这次他演讲忘词就放弃了整场比赛，那么下一次呢？如果他在体育比赛中输了，会不会退赛？如果他在文艺排演中被老师批评了，会不会就不干了？如果他考试失误，会不会就不愿意学习了？如果这样，那么这个孩子怎么可能会有韧性和毅力？他将来的发展怎么会好？所以我一定要让他懂得一件事，那就是：一定不要在遇到困难、挫折和失败的时候放弃！

第二年，这个英语大赛的组委会主动联系我们，希望儿子代表北京市参加全国比赛。因为北京赛区的冠军，往往在全国比赛中会是前几名。我们征求儿子的意见，他说他不想参赛了，他想去留守儿童学校做义工。如果这是你的孩子，你会让他放弃获得全国比赛前几名的可能性，不去参加比赛吗？

我同意他不参赛。且不说他去做义工这件事情有意义，就算他不去做义工，我觉得他可以不再继续参加比赛。为什么？因为比赛这件事情对他来说已经结束了，不存在"遇到挫折就放弃"的问题。这时我们需要做的，就是尊重他的意愿，允许他退出一件已经完成的事情，让他去探索更多的兴趣和爱好。韧性不是逼迫孩子去做没有兴趣的事，而是要尊重孩子的自主性。

儿子后来说，参加那次英语比赛所感受的压力和经历的失败，对他其实是个"小创伤"，但是他很感谢我当时能坚持原则，没有让他放弃。

【思考与练习】

皱纸的启发

下面这项活动将指导孩子学习失败的重要性及如何将失败作为成长的契机。建议用 15~20 分钟来做这个练习。

1. 给孩子一张纸，让孩子写下他近期所犯的一个错误或经历的一次失败，以及他对此所有的负面感受。

   _____

   _____

   _____

   _____

2. 让孩子把这张纸揉成一团，带着自己犯错或失败时的感受把纸团扔到地上。

3. 让孩子取回扔到地上的纸团，将其展开，并用不同的颜色为每一行皱褶着色。

4. 问孩子，他认为这些线代表什么？启发孩子，这些线代表从错误和失败中学习时大脑产生的活动。

5. 让孩子将这张纸粘贴在笔记本或文件夹中，或者将其粘贴在墙上，以便在犯错或失败时查看。这种实物会提示孩子，可以用过去犯过的错误或失败来加强他们的大脑。

6. 与孩子讨论下列问题，以进一步让孩子了解错误与失败的价值：

（1）当你犯错或失败时，你有什么感觉？为什么？

（2）当你犯错或失败时，你认为别人会怎么看你？

（3）你有没有从错误或失败中发现新东西？

（4）有没有一个错误或一次失败让你更深入地思考一个问题？

（5）你有没有感到犯错或失败不总是坏事？

（6）那次犯错或失败的经历是否对你产生了任何积极的结果？

（7）你在哪些方面比没有经历那件事之前变得更好？

（8）你从中学到了什么？

第 6 章

—

关注健康，养护身心

—

一个心理学人的抑郁经历

2019 年夏天，我带着儿子从中国到美国。因为儿子的健康出了一些问题，我需要照顾他并带他去医院治疗，还要送他回寄宿学校。我希望自己尽早恢复时差，于是破天荒地找医生开了安眠药。我对吃药比较保守，所以睡前只吃了半片药。结果第二天下午，我觉得昏昏沉沉，我想这是因为昨晚没有睡好。所以第二天晚上，我又吃了半片安眠药，结果第三天不仅头部昏沉，还全身乏力。我觉得一定是我以为夜里睡着了，但实际上缺乏深度睡眠。这样缺乏能量，怎么有精力工作并照顾儿子呢？所以从第三天晚上开始，我连续三天，每晚吃一片安眠药。这个药助眠非常有效，每天吃完药，就像是被人在头上重重地敲了一棒子一样，立即就昏睡过去。

从第四天开始，我不仅全身乏力、内脏虚弱，而且开始情绪低落。当时刚好遇到一点不顺心的事，要在平时，我根本不会当回事，但是那几天却为此深受困扰，会忍不住地抱怨："我怎么这么倒霉，碰上这样不地道的人！"或者："做事好难呀！"甚至："生活真糟糕！"……当时家里只有我和儿子，这样一两天之后，儿子忍不住说："妈妈你最近怎么这么多抱怨？！"

　　作为一个学了多年心理学的人，我当然知道应该有积极的思维。所以，我努力地与自己的负面思维做斗争，从光明面看问题。我也知道父母不该当着孩子的面抱怨，这对青春期的孩子影响非常不好，所以我停止了抱怨，把沮丧和难过埋在心里。但压抑的结果是，每天夜里我都会忍不住流眼泪，要靠继续吃安眠药入睡。那几天，我整个人就像是被笼罩在一片乌云里一样，觉得生活一团黑暗，甚至了无生趣。我是绝对不会自杀的，我也知道自己应该求助，于是我找了一位医生朋友谈心。他给了我很多理解和安慰，我全都听进去了。其实不和他谈，我也什么道理都懂，但问题是，我就是挥不走那团笼罩着我的乌云。

　　到美国大约一周时，我需要带儿子去约翰·霍普金斯医院看病。想到第二天开车单程就要一个半小时，为了安全，前一天晚上我没有吃安眠药。由于断了药，我失眠了大半夜，虽然什么都没想，但还是忍不住流了很多眼泪。第二天，我有点困倦，非常警觉地开车，虽然安全到达，但是到了地方后才发现，那是行政办公的地方，不是看病的医院。

　　由于马上就要错过预约的时间，我在大堂焦急地打听医院的地址。这时一位工作人员出现，把我和儿子请到了办公室。负责预约部门的负责人带着一位秘书接待了我们，他们反复道歉，并要找出原因：预约的工作人员到底是哪里做得不够周到，以至于让病人来到了办公地点而不是医院。我努力地解释：一周前帮我预约的女士非常热情周到，我现在才想起来，她在邮件附件中给我提供了详细的时间、地址，甚至停车的方法，是我自己昏了头，今天出门的时候没有打开附件，而是按照她邮件最后的地址导航过来的。预约部门的负责人说："这依然是我们的责任。谢谢你给我们提供这个信息！以后我们会要求所有人员都去掉邮件中自动添加的地址，以免误导病人。"然后，他还让秘书立即联系医生，让我们不要因为迟到了大约一个小时而错过今天的看病机会。结果电话打过去，医生办公室的人说："他们并没有错过看病时间，预约的看病时间是明天！"

虽然医院的人都不见怪，但是我颇为尴尬和抱歉。由此可见，那几天我不仅身体不适，我的头脑也是昏的，记忆及处理问题的能力都受到了明显的影响。

这一折腾就大半天过去了。下午开车返程的路上，大概还有半个小时到达的时候，我突然感觉到我头顶的那片乌云消散了！虽然前一天夜里只睡了三四个小时，我感到有些困倦，但那是正常的困倦，我并未感到头脑昏沉，也未感到身体乏力、内脏虚弱，更重要的是，我的情绪突然扭转过来了。就像一道阳光穿透了乌云，我的心一下子敞亮起来，甚至想起那件让我烦心的事，我都觉得："这算什么事呀？我有必要为这么个人和这么件事烦心吗？我前几天是怎么回事？"

这时，我突然意识到了什么，对儿子说："我知道了！前几天我身体不舒服和情绪低落，可能是吃安眠药的副作用！"回到家，我立即冲到电脑前去检索。果然，我吃的安眠药除了可能会对心血管、呼吸、消化和感觉系统产生副作用外，还可能会对认知、情绪和心理产生影响，比如，困惑、无法集中注意力、记忆丧失、焦虑、幻觉、抑郁、不正常的想法，甚至自杀的念头。

从那天下午开始，我所有的身心症状全部消失了。作为一个心理学人，我很惭愧自己居然对药物的副作用这么大意。由于我吃的是非常常见的安眠药，很多人经常吃也没有什么问题，我完全没有想到它对我的副作用会这么大。

但是，这次意外也是一次非常难得的体验。我觉得大概是心理学的"祖师爷"在让我做功课，给我一次机会，让我切身体验生理因素对心理的影响。这次经历让我深深地体会到：光有正向思维、积极心态是不够的。在我抑郁的时候，我并没有失去心理学的知识和技能，我在理智上依然拥有积极的思维方式，但我就是无法调整自己的情绪。

所以，心理健康和韧性，不光在于脖子以上——我们的大脑怎么想，还在于脖子以下——我们的身体状况如何。

这次经历也让我谦逊。我对那些有抑郁、焦虑等情绪困扰的人有了更多的理解和共情。对那些情绪低落、焦虑、抑郁及有自杀倾向的人，很多人会认为他们是心理脆弱、想不开，但实际上，他们的心理可能并不脆弱，他们也尽了一切的力量试图好转，但是他们的身体拖住了他们。一些专业人士对心理问题的干预治疗，也仅限于认知疗法、精神分析等"改变想法"的干预为主，认为只要改变了人们的思维和心态，就能解决一切问题。我在 2019 年夏天经历的这几天的抑郁让我切身地感受到，人的身心是一体的，当人的身体状态失调时，光是头脑中有积极思维是不行的。

幸运的是，我短暂的抑郁经历单纯地是由安眠药的副作用导致的，一旦停止服药，我的身体很快就恢复了正常，这时，没有做任何改变思维的干预，我的情绪也立竿见影地恢复了正常。

那些没有我幸运的人呢？他们由于某种原因，身体长期处于失调的状态，甚至处于远远比我更加失调的状态。这时，是否有人告诉他们：在改变思维和心态的同时，还需要下大力气改变身体状态，因为身心是一体的，身体失调对心理健康的影响是巨大的。

心理问题的生理原因

根据世界卫生组织的说法，如果要列出一个在全世界让人致残的单一因素，抑郁症排名第一。遗憾的是，目前可以采用的治疗方法，只能在不到 50% 的情况下缓解病情。

回到我们关心的那个问题：为什么经济发展了、科技进步了、社会富裕了，反而有更多人出现了心理问题？

其中重要的原因是，现代的生活方式，以及长期的慢性压力，让我们的身体处于一种不利于生理和心理健康的状态。心理韧性也是有生理基础的。

韧性是一个复杂的多维结构。多种因素相互作用，对韧性综合地产生影响，这些因素包括遗传基因、遗传的表达、发育和成长环境、心理社会因素、神经化学物质和功能性神经回路等。目前，新兴的对韧性的神经生物学的研究对预防和治疗与压力相关的心理疾病有重要意义。

鉴于本书是针对大众的实用性读物，加之我不是专攻神经生物学的专家，因此，本章不对心理健康的生理基础做全面的学术介绍，我仅以肠道对心理的影响为例，让大家认识到生理因素对心理的影响，然后我们把重点放在实用的干预方法上。

* * * * * * * * *

如果你的孩子、你自己或其他人有抑郁等心理问题，请注意观察，他们是不是肠胃不好？是不是有消化不良、口臭、胀气、便秘、腹泻、拉黑便等情况？

你有没有过这样的经验：在特别紧张、压力特别大的时候，会拉肚子？

我们的肠道是一个很神奇的地方，它不仅负责消化和吸收食物，还被称为人体的"第二大脑"。肠是除大脑外唯一拥有独立神经系统的器官，由嵌入肠壁的 1 亿个神经元组成一套复杂的神经网络，肠道和大脑之间存在多种直接和间接的联结，被称为"肠—脑连接"。越来越多的研究表明，"微生物群—肠—脑"这一连接轴对人类健康有重要影响，肠道微生物群的组成与焦虑和抑郁有关，潜在的神经生物学机制涉及神经、内分泌和免疫系统。目前国外针对焦虑和抑郁，已经设计了基于肠胃健康的创新性治疗方案。

你可能没有想到，我们的肠道实际上是身体内最大的免疫器官。肠道的表面积有大约半个羽毛球场那么大。在这个表面之下是一个多样化的免疫细胞网络，而在上皮表面顶部的保护性黏液层之上，是人体最大的微生物群，统称为"肠道菌群"。肠道菌群分为有益的和有害的。这些菌群不仅可以影响肠道、影响新陈代谢，还可以影响大脑。

肠道细菌会产生数百种神经化学物质，大脑用它们来调节基本生理过程，以及学习、记忆和情绪等心理过程。例如，肠道细菌产生了人体 90% 以上的血清素，而血清素会影响人的情绪，是一种重要的快乐激素。

这是我在美国药店 CVS 拍摄的一张照片（见图 6-1）。在销售益生菌和纤维素等消化系统非处方药和保健品的区域，竖着一块牌子，上面写的是："消化系统的健康：让人'感觉良好'的激素血清素，90% 是由我们的肠道制造的。"

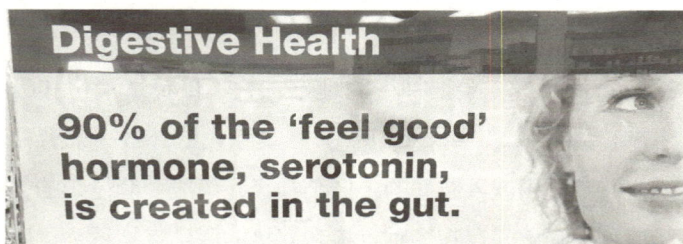

图 6-1　情绪与肠道健康有关

对啮齿动物的研究表明，肠道菌群可以影响神经发育、大脑化学和多种行为现象，包括情绪行为、疼痛感知和压力系统的反应方式。例如，研究发现，调整动物肠道中有益细菌和致病细菌之间的平衡，可以改变其大脑化学成分，并使该动物变得更加大胆或更加焦虑。

对人类来说，肠道微生物群的变化可能对大脑和行为产生影响。一些研究表明，肠道在感染过程中产生的炎症细胞因子，会破坏大脑的神经化学物质，使人们更容易受到焦虑和抑郁的影响。学者们认为，这有助于解释为什么超过一半的慢性胃肠道疾病患者，如克罗恩病、溃疡性结肠炎和肠易激综合征（Irritable Bowel Syndrome，IBS）患者，也同时受到焦虑和抑郁的困扰。

反过来，大脑和心理状态也可以对肠道菌群产生强大的影响，并进而影响到行为。许多研究表明，心理压力会抑制有益细菌，这就是为什么你在紧张的时候会拉肚子。比如，澳大利亚的心理学家们发现，在考试周，大学生的粪便样本中的乳酸菌含量低于相对平静的开学的第一天。有益菌群的减少会使人或动物更容易感染传染病，并引发一连串的分子反应，再反馈给中枢神经系统。

学者们建议，管理压力、控制焦虑和抑郁可能会改善肠道炎症，而治疗肠道炎症也可以通过改变大脑的生物化学状态，从而改善情绪。目前学者们正在做更多的研究，也许不久的将来，医生们可以通过对肠道菌群的调节来帮助治疗人的心理障碍。

关于身心联结的大量研究和实践干预证明，从困境中恢复的一个关键因素是能很好地照顾自己的身体，因此，我们要确保有充足的睡眠、适度的运动和健康的饮食，使我们的身体能够更好地处理压力源和消极情绪。以下我分别从睡眠、运动和饮食三个方面介绍一些照顾身体、增强韧性的方法。

睡眠滋养韧性

睡眠的重要性

你的孩子一天睡几个小时？

你是否曾鼓励孩子"头悬梁锥刺股"，通过减少睡眠来提高学习成绩？

众多的研究表明，睡眠会影响身体健康、认知能力、记忆能力、学习成绩、情绪感受和幸福感等。对儿童和青少年来说，睡眠还会直接影响其大脑发育。

遗憾的是，由于学业压力大、贪玩，以及生活习惯不佳等，现在很多孩子都有睡眠不足的问题。中国科学院心理研究所编写的《中国国民心理健康发展报告》（2019—2020）中指出，中国青少年睡眠不足的现象持续恶化，95.5%的小学生、90.8%的初中生和84.1%的高中生睡眠时间并未达标。

近年来，随着科学知识的普及，越来越多的人开始重视自身及孩子的睡眠。但是依然有很多学校和家长鼓励，甚至逼迫孩子废寝忘食地学习，从睡眠中挤时间。长期牺牲睡眠时间去换取分数，真的是一种好的教育和教学方法吗？越来越多的科学研究向我们揭示了睡眠不足对儿童和青少年意味着什么。以下仅仅列举其中一些研究和结论。

1. 睡眠不足与学习不佳有关

一些研究揭示了睡眠不足与学习成绩不佳之间的关系。例如，美国心理学和医学专家艾米·沃尔夫森（Amy Wolfson）和玛丽·卡斯卡顿（Mary Carskadon）在 1998 年对 3 120 名高中生进行了调查。结果发现，周一到周五，成绩为 C、D 和 F（相当于中等到不及格）的学生，比成绩为 A 和 B（优和良）的学生，每天平均睡眠时间少了大约 25 分钟，上床睡觉时间晚了大约 40 分钟，并且周末上床睡觉的时间更晚。睡眠不足或周末晚上拖着不睡觉的学生，出现白天嗜睡、有抑郁情绪和行为问题的情况比睡眠充足的学生更多。

在另一项研究中，明尼苏达大学的凯拉·瓦尔斯特隆（Kyla Wahlstrom）博士等专家在长达三年的时间里，在美国的三个州调查了 9 000 多名高中生，进行了一系列研究。结果发现，A 等生比 B 等生平均每晚多睡 15 分钟以上，而 B 等生又比 C 等生平均多睡 15 分钟。而当一些学区把上学时间从早上 7 点 15 分改为 8 点 40 分后，与那些依然保持 7 点 15 分上课的学校的学生相比，延后上学的学校的学生白天更少打瞌睡，学习成绩有所提高，抑郁情绪和负面行为更少。

明尼苏达州的一个小城在将高中上课时间从 7 点 25 分延后到 8 点 30 分之后，学校毕业班 SAT 的成绩相比于前几届学生大幅提升，尤其是前 10% 的学生，成绩的提高幅度更大。

由此可见，如果你想让孩子学习好，首先要保证他们的睡眠。其次，当孩子学不好时，请先别指责孩子"没带脑子"。不错，如果孩子睡眠不足，他们就是"没带脑子"。

2. 睡眠不足影响注意力和记忆力

睡眠不足影响孩子的学习成绩，其中很重要的原因是，睡眠不足会影响注意力和记忆力。

睡眠不足时，人体从血液中提取葡萄糖的能力会下降，而葡萄糖是能让大脑集中注意力并进行学习所需要的能量。大家可能都曾有这样的体验，缺乏睡眠时我们的大脑昏昏沉沉，人也没有精力，只想做看电视、刷手机等容易的事，虽然也可以从事一些日常体力活动，但却"没有脑子"从事学习、写作、竞技比赛等需要高度集中注意力和耗费精力的活动。所以，下次，当你的孩子总是抓耳挠腮、无法集中注意力时，先别想着孩子是不是有多动症，而是要先看看孩子是不是睡眠不足。

睡眠不足时，记忆力至少会从两个方面受到影响。

一方面，当人困倦时，大脑神经的可塑性会受到影响。我们知道，记忆就是在不同的神经元之间通过突触建立起新连接。为了更好地记忆，一些基因会在睡眠中被激活，帮助大脑产生建立记忆所需要的神经突触。而当睡眠不足时，这种产生突触的能力会受到影响，于是人就不能很好地记忆。

另一方面，睡眠不足还会影响大脑对信息的深度加工和储存。对于我们所学的东西，大脑在清醒时会进行部分处理，但记忆的巩固和加强则需要在睡眠中进行，而且不同阶段的睡眠会处理不同类型的记忆。这就好比电脑，我们输入的文字、声音和图像都会留在电脑屏幕上，但是如果希望这些信息不丢失，我们就需要把信息存储在硬盘或 U 盘里。在睡眠时，我们的大脑就像电脑一样，分门别类地加工和存储我们对文字、声音、图像、运动和情感的记忆。白天输入的信息量越大，夜里需要处理的时间就越长。还有一部分信息，只有在睡眠到了一定阶段后才开始处理。因此，睡眠不足的孩子一般记性不好。

3. 睡眠不足影响情绪和控制力

很多研究指出，睡眠不足的儿童和青少年似乎特别容易患上多动症和抑郁症等精神疾病，并且难以控制自己的情绪和冲动。当孩子对睡眠习惯做出积极的改变后，改善了的睡眠质量与随后的身体和情绪健康呈正相关。专家们认为，睡眠不足和身心健康及情绪问题可能会相互影响。

一项关于美国高中生睡眠与情绪状况的研究显示，从高中开始，学生的睡眠时间大幅减少，与此同时，抑郁率则大幅增加。有60% 的高一学生平均每天能睡至少 8 小时，到了高二，只有30% 的学生能睡至少 8 小时。随着睡眠时间下降的还有他们的情绪，被诊断为抑郁症的学生增加了一倍。

睡眠不足影响心理健康有多种原因，第一个原因是，睡眠不足让人难以从压力和创伤中恢复，因为睡眠、特别是快速眼动睡眠能够帮助人修复压力和创伤，睡眠不足的人因而就缺少了自我恢复的机会。

第二个原因是，睡眠不足会增加皮质醇、胰岛素和促炎细胞因子，而这些生化物质的升高与健康问题相关，甚至影响抑郁症的产生和发展。

第三个原因是，人类不同情绪的记忆是由大脑的不同区域处理的。与积极或中立记忆相关的内容由海马体加工，而与负面情绪相关的内容则由杏仁核加工。睡眠不足对海马体的伤害比对杏仁核的伤害更大，这就导致了缺乏睡眠的人难以想得起开心的事情，却容易记得住不开心的事情。在一项实验中，心理学家给一群睡眠不足的大学生快速展示一些词语。结果是，对于诸如"死亡"等负面词语，他们能记住 80% 以上，而对于诸如"阳光"或"桌子"等正面或中性的词语，他们只能记住 30% 左右。

总之，如果你的孩子有叛逆、冲动、情绪化或抑郁等现象，如果你周围有人记不住好事，却记得住坏事，在关注其他问题的同时，也请留意他们是否有睡眠不足的问题。

4. 睡眠不足影响身体健康与大脑发育

众多研究证明，长期睡眠不足会增加心脏病、糖尿病、肥胖症、癌症、老年痴呆等疾病的风险。对孩子来说，还会直接影响孩子的大脑发育。

孩子的大脑发育，特别是前额叶的发育，直到 25 岁前都在进行，而脑功能发育的大部分活动都是在孩子熟睡的状态下进行的，所以，长期睡眠不足、哪怕是每天少睡 1 小时，对孩子大脑发育的影响都是巨大的。有科学家推断，长期睡眠不足会使孩子的大脑遭受永久性的破坏，麦克纳（Mckenna）等学者甚至将睡眠不足对孩子大脑的影响与铅中毒相提并论。因此，为了拼成绩而鼓励，甚至要求孩子牺牲睡眠，即便是一时成绩上去了，从长久来说，也是丢了西瓜捡芝麻。

睡眠不足对青春期孩子的影响尤其大。近年的多项研究得出了一些惊人的结论：从 12 岁、13 岁到 24 岁的青少年，实际上需要平均每天睡 9.25 小时。而由于生长激素等因素的影响，青春期的孩子褪黑激素（帮助人睡眠的激素）的分泌比儿童和成年人都要晚得多，这使得他们晚上难以入睡，而早晨喜欢睡懒觉。美国著名的睡眠学家、康奈尔大学的詹姆斯·马斯（James Mass）指出，青春期孩子的生理时钟是，凌晨 3 点睡觉、上午 11 点起床。但现实中，这几乎是做不到的，因此很多孩子虽然晚睡，依然要很早就起床上学，这导致他们经常处于睡眠不足的状态。马斯说："几乎所有的孩子在进入青春期后都变成了行尸走肉，因为他们的睡眠太少了！"

总之，随着越来越多关于睡眠的研究成果的发布，美国现在已经形成了一股尽量将学生的上学时间向后延的趋势，很多学区都在努力协调校车安排、父母工作时间、孩子课外活动等，尽可能地让孩子早上能晚一些上课、多睡一会儿。2021 年，中华人民共和国教育部办公厅印发了《关于进一步加强中小学生睡眠管理工作的通知》（以下简称《通知》），强调要保证中小学生享有充足的睡眠时间，以促进学生身心的健康发展。希望这个通知能引起家长和学校对孩子睡眠问题的足够重视。

孩子需要多少睡眠

《通知》中关于睡眠时间的规定是："小学生每天睡眠时间应达到 10 小时，初中生应达到 9 小时，高中生应达到 8 小时。合理安排课间休息和下午上课时间，有条件的要保障学生必要的午休时间。"

以下是美国睡眠医学学会和睡眠研究协会对不同年龄睡眠时间的建议，供大家参考（见表 6-1）。

表 6-1　睡眠时间建议

年龄段	年龄	建议的睡眠时间
婴儿	4~12 个月	每 24 小时 12~16 小时（包括小睡）
幼儿	1~2 岁	每 24 小时 11~14 小时（包括小睡）
学前儿童	3~5 岁	每 24 小时 10~13 小时（包括小睡）
学龄期儿童	6~12 岁	每 24 小时 9~12 小时
青少年	13~18 岁	每 24 小时 8~10 小时
成年人	18 岁以上	每晚 7 小时或以上

孩子睡不着怎么办

很多家长常会为孩子的入睡问题操心。到了睡觉的时候，孩子还在上蹿下跳，结果第二天因睡眠不足而无精打采。以下是一些改善孩子睡眠的建议，当然也适用于成年人。这些"睡眠卫生"都是有证据支持的：

（1）保持一致的生活节律，在固定的时间起床和睡觉；

（2）远离影响睡眠的物质，如咖啡因、酒精和尼古丁；

（3）早晨起来后多见阳光；

（4）白天多做运动、保持活跃；

（5）减少白天特别是下午的睡觉时间；

（6）不要在睡觉前摄入糖分，含糖食品或饮料会导致兴奋；

（7）睡前吃一些奶制品；

（8）睡前至少半小时避免或减少使用发出蓝光的电子设备，如手机、电脑、电视机等。

思考与练习

睡眠日记

　　睡眠不足或中断会导致严重的健康后果，但睡眠问题出在哪里并不总是很容易被识别。因此，家长可以通过写睡眠日记来监测孩子的睡眠习惯、记录睡眠问题，从而找到解决方案。如果你的孩子有睡眠问题，请参考以下栏目，每天为孩子写睡眠日记（见表 6-2 ）。

表 6-2　孩子的睡眠日记

孩子的就寝时间和熄灯时间	
孩子起床需要多少时间	
孩子入睡需要多长时间	
孩子睡眠中断的次数和持续时间	
孩子白天睡觉的次数和持续时间	
孩子自己感知的睡眠质量	
咖啡、糖和其他甜食的摄入量	
日常锻炼情况	
日常用药情况	
其他情况	

运动提升韧性

运动的重要性

　　关于体育锻炼对身体健康的好处，相信你一口气就能罗列出很多。运动对大脑和心理健康也益处多多，包括让大脑更有可塑性、提高认知和执行功能、增强自信、改善情绪、更好地应对压力、加强人际关系、提升心理韧性等。以下仅从几个方面介绍运动对大脑和心理健康的影响。

1. 运动让人更快乐

运动几乎是立即就能让人感觉良好。当你从懒洋洋的状态中动起来时，几乎是在几分钟之内你就会感觉更加愉悦、精力更加充沛、心态更加积极。如果运动时伴以音乐，或者有同伴一起运动，你往往会进入能量更多、更加积极的状态。

体育锻炼不仅会给人的身体健康带来很多好处，而且仅仅一次运动就会让人立即感觉良好，持续的运动则往往会让人"成瘾"。

2. 运动能让人减少焦虑和抑郁

你是否在运动后有过这样的体验：尽管身体有些疲惫，但头脑放松，神清气爽，整个人都有一种特别舒服、畅快和幸福的感觉？

这种感觉被称为"跑步者高潮"（Runner's High）。这种现象最先是在跑步者中发现的，但实际上不限于跑步，游泳、跳舞、健走、打球、举重、骑车、划船等以重复的节奏反复进行的运动都可能产生跑步者高潮的效果，要点是运动要达到中等及以上的强度，时间至少持续20分钟。

学者们认为，人在进行这种运动后之所以会感觉极度欣快，甚至会有种对运动"成瘾"的感觉，是由于运动增加了血液中内源性大麻素的水平。内源性大麻素（Endocannabinoids）是一种类似于大麻，但由身体自然产生的生化物质，它可以轻松地从血液进入大脑，起到调节神经的作用，从而减少疼痛、改善情绪，如减少焦虑、带来平静感等。

除此之外，人在运动中还会释放去甲肾上腺素、多巴胺和血清素等神经递质，这些生化物质也都被证明有助于减轻抑郁。

3. 运动能帮助人从压力中恢复、让人更有韧性

在一项研究中，实验者让一群大鼠直接经历失败或目睹同伴经历社交失败，但是一组不运动、另一组则在两周时间内每天都在跑轮上跑 30 分钟。结果发现，前者表现出类似创伤后应激障碍（Post Traumatic Stress Disorder，PTSD）的严重抑郁和焦虑，而后者则没有出现抑郁和焦虑的现象。研究者认为，适度的运动防止了创伤引起的心理和行为障碍。

在人类研究中，体育锻炼也被证明会影响韧性。在运动时，肌肉会制造一种肌细胞因子，称为肌动蛋白（Myokines），当人通过动作而让肌肉收缩时，这种化学物质就会分泌到血液中，影响包括大脑在内的身体多个系统，起到减少炎症、杀死癌细胞、控制血糖、让大脑更好地应对压力、改善情绪、减少焦虑和抑郁等作用。美国健康心理学家凯利·麦格尼格尔（Kelly McGonigal）认为，肌动蛋白类似于天然的速效抗抑郁药，她因此而将其称为"希望因子"。

4. 运动能改善大脑功能、提升认知和学习能力

有氧运动可以改善大脑前额叶的血流量和执行功能。运动中会产生一种肌动蛋白——脑源性神经营养因子（Brain Derived Neurotrophic Factor，BDNF），它可在以大脑多个区域（如海马体）

中添加新的神经元、提升神经活性并增加脑神经之间的连接，这不仅有利于学习，而且在调节压力方面也起到关键作用。也就是说，运动对于促进学习、减轻压力有好处，肌动蛋白也因此被认为是可以改善大脑功能的"运动因子"。

5. 运动有助于减少孤独感，帮助人拥有更好的人际关系

运动产生的生化物质，如内源性大麻素，也让人更具社交性。一项研究将被试分为两组，一组运动 30 分钟，另一组不运动，此后让两组均玩一个社交游戏。结果发现，运动组的人在游戏中表现得更加合作和慷慨。此外，上面提到的脑源性神经营养因子也有助于人们提升和维持社会联结，而社会联结又可以成为韧性的关键资源。

总之，当身体动起来并达到一定运动量时，人们对自己应对压力的能力更有信心、负面事件造成的影响较小，人们感到更有动力、更有韧性，并且能更好地体验快乐和幸福。不仅如此，定期锻炼还能改变你的大脑。研究表明，经过六周的运动，会看到大脑奖励系统的功能和结构发生了变化，这与在最先进的抑郁症治疗中出现的结果相似。因此，只要你能在至少一个半月的时间里坚持有规律的活动，你的大脑就会变得更有韧性。

孩子需要多少运动

有研究认为，现在很多孩子沉迷于电子游戏，在很大程度上也是因为孩子缺少体育运动及户外活动。那么，孩子究竟进行多少运动才算够量了？孩子应该从事什么样的运动？我们看看其他国家的

做法，以作为横向比较和参考（见表 6-3）。

表 6-3 美国疾病控制中心 CDC 的建议

学龄前儿童（3~6 岁）
- 学龄前儿童应全天进行身体活动以促进生长发育。
- 成年人看护者应鼓励学龄前儿童在玩耍时保持活跃。

学龄期儿童和青少年（6~17 岁）
- 儿童和青少年每天应进行 1 小时或更多的中等至剧烈强度的体育活动，包括每天进行有氧运动，以及每周 3 天做强化肌肉的运动和强化骨骼的活动。

对于儿童和青少年，每周应包括以下三种类型的体育活动。

1. 有氧运动

　　孩子每天至少有 60 分钟的体力活动，大部分应该是有氧运动，如走路、跑步或任何使他们心跳加快的活动。鼓励他们每周至少做 3 天有氧运动，要达到呼吸急促，心跳加速的程度。

2. 肌肉强化运动

　　每周至少 3 天进行肌肉强化运动，如爬山或做俯卧撑，作为孩子每天至少 60 分钟运动的一部分。

3. 骨骼强化运动

　　每周至少 3 天进行骨骼强化运动，如跳跃或跑步，作为孩子每天至少 60 分钟运动的一部分。

怎样让孩子爱运动

　　作为父母，除了要保障孩子的学习外，还要帮助孩子培养对身体活动和体育运动的爱好，为孩子一生的积极生活方式及身心健康打下基础。要鼓励并要求孩子每天进行至少一小时的身体活动，活动范围可以从非正式的游戏到有组织的运动。下面是一些促进孩子运动的建议。

　　1. 要尽早让孩子养成运动的习惯。大多数孩子小时候都很活跃、喜欢玩耍、精力充沛。要利用孩子天然的动机和能量，鼓励孩子进行大量安全和非结构化的运动和游戏。比如，让孩子在户外奔跑、在游乐场攀爬等。

2. 家长要努力保持健康的生活方式，为孩子树立积极运动的榜样。如果父母非坐即躺，孩子可能就不爱运动。父母要注意健康、经常运动和健身，参与隔代教育的老人也要尽量从事适合自己身体状况的运动，如跳舞、打太极等，为孩子言传身教对运动的重视。

3. 通过与孩子一起运动或玩游戏，让体育锻炼成为家庭日常生活的一部分。家长万万不可因自己懒惰或图省事，就经常把孩子交给"电子保姆"，让孩子长时间地看电视机或玩电脑、手机等电子设备。要多陪孩子玩、带孩子运动，比如，晚饭后一起散步或玩捉迷藏，周末带孩子骑自行车或爬山等。

4. 为孩子的运动提供条件。为孩子购买篮球、足球、跳绳等体育用品；经常带孩子去可以让身体动起来的地方，如公园、球场或野外；如果可能，跟孩子一起观看各种体育比赛。

5. 让体育活动变得有趣。有时孩子不喜欢家长安排的活动，因为有些家长设计的结构化的活动很刻板和无趣，孩子反而更喜欢一些非结构化的游戏，如孩子间自发的追逐打闹等。因此，家长和老师在安排体育活动时，要尽量考虑孩子的年龄特点，让活动活泼有趣。

6. 让孩子多尝试几种不同的体育项目。如果有条件，让孩子从小开始，多去玩和学不同的项目：篮球、足球、排球、网球、乒乓球、游泳、体操等不同的项目，都尽量让孩子尝试一下，开始时不要求孩子一定要坚持很久，主要目的是给他们机会去了解各项体育运动，往往，孩子试过了才知道自己是否喜欢。

7. 不要把自己的爱好强加在孩子身上。你可能希望女孩子学跳舞、男孩子学打球，但可能你女儿偏偏喜欢踢足球、儿子喜欢跳芭蕾。对于孩子从事的体育项目，家长可以给予建议和引导，但最终要尊重孩子的选择。

8. 对孩子自发参加的体育活动保持积极态度，鼓励孩子多参加学校的体育活动；如果孩子运动不足，家长也可以建议孩子参加课外体育班，如游泳、滑冰等，要求孩子对活动认真对待、积极投入。如果孩子参加表演或比赛，家长要尽可能地去参加，给予支持。

9. 对于孩子运动这件事，家长不要太功利。不要孩子去打球，家长就想着一定要晋级、参加比赛；不要孩子去学跳舞，家长就要求孩子一定要去表演、拿名次。过于重视结果和外在的表现有时会破坏孩子的内在动机。要让孩子充分享受运动本身的乐趣。

10. 运动时要注意安全。孩子从事骑车、滑板、攀岩等有受伤风险的活动时，要让孩子穿戴好头盔、护腕、护膝等保护设备，还要确保孩子所从事的体育项目适合他们的年龄。

【思考与练习】

孩子的一周运动记录

请每天让孩子记录，或者帮助孩子记录每一天的运动情况。在表格中的三种运动类型下面，分别记录孩子每天的运动项目和持续时间。比如，周一，有氧运动类包括：跑步 20 分钟；打球 30 分钟（见表 6-4）。

表 6-4　一周运动记录

日期	有氧运动	肌肉运动	骨骼运动
周一			
周二			
周三			
周四			
周五			
周六			
周日			

饮食助力韧性

充分的营养、均衡的饮食除了有助于保护我们免受心脏病和癌症的侵害外，还可以保护大脑和预防精神障碍。研究表明，良好的饮食、运动和睡眠，可以增强大脑突触并提供其他认知益处。比如，在日本冲绳，人们经常吃鱼和锻炼身体，这个岛屿的人均寿命是世界上最长的地区之一，而且人均的精神障碍发生率非常低。

加利福尼亚州大学洛杉矶分校神经外科和生理学教授费尔南多·古莫斯 - 皮尼拉（Fernando Gómez-Pinilla）说："食物就像是一种影响大脑的药品化合物。饮食、运动和睡眠有可能改变我们的大脑健康和心理功能。这增加了令人兴奋的可能性，即改变饮食是提高认知能力、保护大脑免受损伤和抵御衰老影响的可行策略。"

专家们分析了两百多种食物对大脑的影响。限于篇幅，本章无法完整列出所有与心理健康有关的营养素，只介绍几种常见的促进心理健康的营养素，特别是在预防和减轻抑郁和焦虑方面有帮助的饮食。

1. Omega-3 脂肪酸

Omega-3 脂肪酸对大脑有许多益处，可以帮助人们改善记忆力，并有助于对抗抑郁和情绪障碍、精神分裂症和痴呆症等精神障碍。

研究发现，人类饮食中 Omega-3 脂肪酸的缺乏与多种精神障碍的风险增加有关，包括注意缺陷 / 多动障碍（俗称的"多动症""缺乏注意力"）、阅读障碍、痴呆、抑郁、双相情感障碍和精神分裂症。

英国一项研究表明，在给孩子增加 Omega-3 脂肪酸的摄入后，孩子在阅读和拼写方面的表现更好，行为问题更少。在澳大利亚的一项研究中，396 名 6~12 岁的孩子饮用了含有 Omega-3 脂肪酸和其他营养素（铁、锌、叶酸和维生素 A、B6、B12 和 C）的饮料之后，在测试中得到了更高的分数。六个月和一年后评估孩子的语言智力和学习记忆力，饮用了营养素的孩子比没有饮用营养饮料的孩子表现更好。

鲑鱼（三文鱼）、核桃和猕猴桃中含有很多 Omega-3 脂肪酸，要多给孩子食用这些食物。

2. 叶酸、姜黄素

足够水平的叶酸对大脑功能至关重要，叶酸缺乏会导致神经系统疾病，如抑郁和认知障碍。单独服用叶酸补充剂或与其他 B 族维生素结合使用，已被证明可以有效预防认知能力下降和老年痴呆，并增强抗抑郁的作用。

姜黄素除了具有较强的抗氧化、抗癌及抗炎症的能力外，还被证明可以减少阿尔茨海默病和脑外伤动物模型的记忆障碍。

叶酸存在于多种食物中，包括菠菜、橙汁和酵母。姜黄素包含在咖喱和姜黄中。

3. 水果、蔬菜、鱼类、橄榄油、全谷物

食物营养、肠道微生物群及对心理疾病的易感性（即是否容易得心理疾病）之间存在着密切的联系。

肠道菌群直接受到我们所吃食物的影响，因为我们吃进去的食物同时也是肠道微生物的食物。反过来，肠道菌群会通过将食物分解成修饰免疫细胞的化合物来影响我们的炎症状态。因此，当饮食不平衡时，健康状况可能会不佳。这种不平衡也会影响我们的思考能力。

迄今为止，多项人体研究发现，多吃水果、蔬菜、鱼类、橄榄油，以及全谷物的饮食会降低患抑郁症的风险。现在一些专家运用饮食调节作为对心理疾病的辅助治疗。有研究显示，对于重度抑郁

症患者，只进行社会支持者的治疗有效率为 8%，而同时使用个性化饮食咨询和社会支持者，治疗有效率为 32%，后者是前者的 4 倍。

4. 纤维

纤维是饮食中的粗粮，由难以消化的多糖组成。这些多糖是肠道中许多健康细菌的主要食物来源。现在人们的饮食越来越精细，纤维含量往往不足。纤维很重要，不仅清肠通便，还能"喂养"我们肠道内的益生菌。纤维被肠道中的有益微生物分解成短链脂肪酸，如丁酸盐。短链脂肪酸在肠道以外执行许多重要的稳定功能。由于人类自己无法分解纤维，因此需要依靠微生物来为我们分解。纤维为一些产生有益的细菌提供生长和持续所需的稳定食物来源。

纤维可以在水果、蔬菜、豆类、种子和全谷物中找到，也有专门制作的纤维粉。我们家每天都会吃粗粮、蔬菜和水果。如果某一天摄入量不足，我就会给家人冲一杯纤维粉喝，因为我们必须始终如一地摄入一定量的纤维，以支持通过分解纤维而存活下来的肠道益生菌。纤维摄入量不足或断断续续，可能会让这些有益的微生物无法在不利于它们的肠道生态系统中生存。专家们建议每个人每天摄入 19~38 克纤维。

5. 抗氧化剂和植物营养素

抗氧化剂是清除人体内有害氧化物质的物质，这些物质会导致细胞损伤。不同的水果和蔬菜呈现出红、黄、蓝、紫、橙、绿等如彩虹一般的色彩，其中包含对人体重要的抗氧化剂和维生素，它们也可能对人体内的微生物群产生积极影响，并进而对心理健康有益。由活性氧或自由基引起的氧化应激可以激活促炎级联反应，部分与抑郁症有关。此外，氧化损伤与不同精神障碍的严重程度有关。

研究者已经发现几种抗氧化剂可以直接抑制抑郁症状，或者与较低的抑郁发生率有关。

- 类胡萝卜素：在西红柿、胡萝卜、橙子、葡萄柚或杏等蔬菜和水果中发现的黄色和橙色化合物。

- 姜黄素：一种在香料姜黄中发现的化合物，很容易被微生物群代谢，可作为有效的抗氧化剂、益生元和抗抑郁剂。

- 维生素 C：维生素中的一种强大的抗氧化剂，存在于许多水果和蔬菜中。

- 黄酮类等多酚：茶、柑橘、豆类等食物中富含的微量营养素。研究发现，黄酮类多酚可改善年轻人的情绪，并改善老年人的记忆力和认知能力。

- 锌：研究发现，缺乏锌与神经退行性疾病及抑郁症有关。

- 硒：一项研究发现，饮食中缺乏硒，与新出现的抑郁症有关。

- 维生素 B 族：B_9（叶酸）和 B_{12} 的缺乏与难治性的抑郁症有关。

6. 益生菌与发酵食品

有证据表明，益生菌可能具有重要的心理健康益处。一些专家认为，益生菌可能减轻导致许多精神健康障碍的核心神经炎症。一些益生菌食品可以促进稳定的结肠微环境并减少肠道感染，这可能会对心理健康产生间接影响。一项元分析显示，补充益生菌，与抑郁的评分降低有关。

不过，益生菌的问题是，保存和输送方法使它们容易受到变质和低效的影响。出于这个原因，许多人推荐酸奶等含有活菌的发酵食品。尽管发酵食品在菌群种类和实际剂量方面更加模糊，但它们含有补充剂中不存在的微量营养素。一些研究显示，食用发酵食品有益于减少社交焦虑、降低抑郁症风险，以及改善情绪和压力。

7. 垃圾食品对身心健康均有害

为确保摄入有益健康的抗氧化剂，要多食用深色水果和蔬菜。好消息是，它们也是纤维的重要来源。因此，这些食物可以给肠道微生物群和心理健康带来双重好处。与此相反，高脂肪、低营养饮食的氧化应激与肠道菌群多样性的降低和潜在病原体数量的增加有关。富含反式脂肪和饱和脂肪的饮食还会对认知产生不利影响，不健康的饮食会对大脑突触和一些与学习和记忆相关的分子产生不利影响。

利用饮食来促进我们的身心健康，很可能成为下一个医学前沿。未来，也许当你走进医生办公室，与医生讨论你的心理健康问题时，医生可能会首先与你讨论你的饮食。在这种"营养心理学"成熟发展之前，让我们先重视自己及家人的健康饮食。

【思考与练习】

我的心理健康食谱

请为家人设计一周的健康食谱（见表 6-5），每天都要准备至少五种有益于大脑和心理健康的食物（不用写出食物的所有成分，写出主要的即可）。

表 6-5　一周的健康食谱

日期	食谱	大脑与心理健康成分
周一： • 早餐 • 午餐 • 晚餐		
周二： • 早餐 • 午餐 • 晚餐		
周三： • 早餐 • 午餐 • 晚餐		
周四： • 早餐 • 午餐 • 晚餐		
周五： • 早餐 • 午餐 • 晚餐		
周六： • 早餐 • 午餐 • 晚餐		
周日： • 早餐 • 午餐 • 晚餐		

178

第 7 章

管理情绪，调控感受

快乐天使的眼泪

儿子从小就是我的快乐天使，他不仅外向活泼，而且精力旺盛。他走到哪里，哪里就充满了欢乐的能量。

但就是这样的快乐天使，也经历过一次情绪崩溃。他的情绪问题是由身体的疾病引起的。

2019 年暑假，儿子去北京看望爸爸。一天，活蹦乱跳的儿子突然在夜里出现剧烈腹痛。清晨到医院看急诊，他被诊断为急性阑尾炎。由于他的阑尾已经感染得很厉害，因此他在当天下午就做了腹腔镜阑尾切除手术。儿子还挺乐观的，麻药劲儿刚过，他就兴致勃勃地玩起游戏来。

术后两天完全不能吃东西、喝水。出院那天，他的眼睛像兔子的眼睛一样红。检查的结果是急性虹膜炎，于是我们又开了一堆治疗眼睛的药回家了。

两天后，又是半夜，他开始出现肋骨剧痛。于是，我们把他送到医院看急诊，但医生检查不出结果。

回家后又过了两天，一天早，他突然觉得眩晕，起不来床。第二天更是严重到连头都抬不起来，他躺在床上听音乐，发现他听不到某些频率的音了。我们赶紧带他去医院，不料他一坐起来，就吐得一塌糊涂。这几天又没怎么吃东西，简直胆汁都要吐出来了。最后只好用救护车和担架把他抬到医院。

我们先看了两家著名的三甲医院，一家说是耳石症，另一家说不像，做了一堆检查，也没给出明确的诊断结果。于是我在网上预约了另一家三甲医院的一位专家。结果，我们到医院后发现当时医院里没有可用的轮椅和担架，我和他爸爸两个人把他扶下车。医院门口不让停车，他爸爸必须去停车，他瘫在门口，虽然到电梯只有 20 米的路，但他怎么也走不过去。我一个人又背不动他，最后我连拉硬拽，把他弄到离门口最近的一把椅子上，我坐下来，他一下子瘫倒在我的腿上。他爸爸开了很远的路才找到一个停车的地方，然后从马路对面的医院某部门租了一把轮椅，把轮椅扛过天桥，最后我们两个人用轮椅把儿子推进了电梯，到二楼看病。

这位专家非常认真负责，给出的诊断结果是前庭神经炎。经过一个多星期的治疗，他慢慢地好起来了。终于有一天，在医院看完病之后，他能用一只手撑着脑袋，另一只手自己吃饭了。那天我们都特别高兴，因为在此前大约两个星期的时间里，他无法坐起来吃饭和大小便。更恐怖的是，我们依然不知道他到底出了什么问题，是什么导致的。为此，我查阅了大量的中英文资料。那个暑假，我的研究从阑尾炎到结膜炎到前庭神经炎再到大脑，已经成了半个医学专家。

他显然是内耳的平衡神经和听觉神经都受到了损害，因为他不光平衡有严重的问题，听力也急剧下降，特别是左耳，已经听不到高频音。一个健康活泼的孩子，既爱运动，又爱音乐，突然之间变成了这个样子！后来在拍大脑 CT 的时候，医生发现他左侧颞叶蛛网膜有一个囊肿。我在网上查阅资料时发现，颞叶如果出现病变，那么不仅有彻底失聪的危险，还会有其他身体问题，甚至可能会有精神上的病变。当时我深深地感到，最让人担心的不是出现了坏的事情，而是你不知道事情还能坏到什么程度。那种深深的失控感，是最让人恐惧的。有那么一瞬间，我觉得我是不是需要为可能失去这个唯一的孩子做一些心理准备。

那个暑假，我放下了所有的工作和学习，一心一意地陪伴和照顾孩子。终于，7 月底，孩子好到能乘坐飞机了。我带他飞到美国，一是看病，二是他的学校也要开学了。（在上一章，我讲了自己因吃安眠药而出现副作用，以至于在医院搞出乌龙的情况，就是那时的事情。）此后，医生给孩子做了细致的检查，认为要么是病毒感染，要么是药物的后遗症。看完病，医生还给我多次发邮件、打电话，想尽办法一定要把孩子治好。

8 月中旬，孩子在日常生活中基本上正常了。他想早点回到学校，参加开学前足球队的集训。于是，我把他送回了学校。

在回程的路上，我一上车眼泪就止不住地流下来。在孩子生病的这一个多月的时间里，我没掉过一滴眼泪，总是特别镇定坚强。但是现在把还没有彻底康复的他留在学校，我突然感到特别地惦记和心疼。回到家，我给他打电话报平安，然后还自嘲地说："我今天特没出息，一离开你们学校就哭了，哭了很远的路才止住眼泪。"

事后，我特别后悔和他说因为心疼他而流下了眼泪。不知道是不是我的态度给他造成了一些心理暗示，他回到学校后，逐渐地出现了一些情绪问题。

首先，他在足球训练中感觉身体状况与以往有明显的差异。他接不住球，奔跑中会莫名其妙地摔跤。上课时，头无法直立，眼睛看不清黑板，耳朵耳鸣，严重影响他听课。下课后，他和朋友去吃饭，他会时常绊倒……回想起这个夏天所受的苦，想到自己原本有那么好的身体，却在突然间变成了一个"残疾人"，以后可能好多事都不能做，这个 16 岁的孩子不禁悲从中来。他想：为什么我这么倒霉？我做了什么，才让我受到这种惩罚？以后我该怎么办？……因为身体的不适，他减少了很多学校活动，而且逐渐地也不再有兴趣和室友、同学交往。大约两个星期之后，他的情绪坏到会忍不住地流泪。他每天中午和下午一上完课就会赶紧跑回宿舍，躲在没人的地方痛哭一场。流完了眼泪，他才能相对平静地度过剩余的一天。

值得庆幸的是，他非常信任我们。在他生命中的这个低潮期，他首先想到的是向父母求助。他几乎每天都会给我们打电话，他不掩饰自己的脆弱，会告诉我们他的无助。我还记得他和我说："对以前一些我根本就不在乎的事，我现在觉得特别不能容忍。比如，有一天，我们做集体活动的时候，一个同学吐唾沫，然后风吹过来，刚好把唾沫吹到我身上。以前这样一件小事，我根本不会在乎。但是现在我会心里特别难受，觉得我怎么这么倒霉，什么坏事都会落到我头上。然后，心里就老是为这件事情难受。"

面对孩子的情绪困扰，当时我做了几件事。

第一，倾听和陪伴。每次他打来电话，我都会放下手头的事，专心地听他说，他愿意谈多久，我就陪他聊多久。我告诉他，他在任何时候都可以打电话找我，如果他需要，我可以马上接他回家，就是休学一段时间也完全没问题，我会陪着他，直到他彻底康复。

第二，我告诉他，他只是病了，他不需要感到羞耻。他现在的情绪问题是由身体疾病引发的。感染了细菌或生了好几种病、吃了那么多药、打了那么多针，还有那么多天水米不进，他的整个身体都处在严重失调的状态，而身心是一体的，所以这种状态必然会影响情绪。另外，这次生病对他也是一个惊吓，而且对未来他还有很多的忧虑，所以他出现这些情绪问题是非常正常的。

第三，我给他讲了很多我自己、我们家里人，以及很多其他人包括残疾人的经历。我告诉他，我们都经历过一些大大小小的坎坷和挫折，但是这些困境没有打垮我们，反而让我们变得比以前更强悍。所以他这一次生病，可能就是老天在磨炼他，让他以后在面对任何困难和坎坷的时候，都不会再惧怕。

第四，我花了大量时间给他讲调整身心状态及调节情绪的方法。对我讲的这些道理，他都能听进去，他也都能接受，但是他说我就是心里难受，我到底应该怎么办？然后我就给他提了一些情绪调节的具体建议，他在尝试之后也经常给我反馈，我们俩一起度过了这段战胜困境、磨炼韧性的旅程。

能调节情绪的人，韧性更强

　　无论是成年人还是孩子，都会经历各种消极和积极的情绪，这是人类体会生命的一部分。然而，对波动的情绪进行调节是每个人都需要掌握的一项基本生活技能。我们的孩子必须掌握这项技能，才能很好地应对损失和逆境，茁壮成长。

　　情绪调节也被称为自我调节，是指一个人监控和调节自己拥有哪些情绪、何时拥有情绪及如何体验和表达情绪的能力。

　　一个没有能力控制自己情绪的孩子首先会对自己感觉不好，常出现愤怒、攻击、退缩或焦虑等状态，这样的人会给周围的人带来压力，让其难以交到朋友或保持友谊，也让其难以集中精力在有建设性的事情上。所有这一切都可能像滚雪球一样出现一系列不良后果，导致孩子在学校或社会被孤立、被欺负，甚至增加辍学、犯罪、药物滥用等行为问题。国外的研究发现，儿童和青少年的情绪障碍常常会导致成年后的精神障碍，大约一半的心理障碍开始于14岁。

　　因此，及时发现孩子的情绪困扰并对其进行干预非常重要。及时的、适当的关爱和辅导，可以减少儿童和青少年的情绪困扰发展为情绪障碍的可能性。

　　相反，当孩子有良好的情绪调节能力，他不仅会对人际关系产生更好的主观感受，也有更好的注意力和解决问题的能力。情绪调节能力强的孩子，在延迟满足、抑制冲动和实现长期目标方面表现更好。比如，能有效地管理情绪的学生在考试期间能专注于学习，而不是被焦虑的情绪所影响，因此学习成绩和其他方面也往往表现更好。情绪调节给人带来的积极影响贯穿人的一生，影响人的身心健康、工作满意度及主观幸福感。

同时，具备情绪调节能力的孩子也能更好地应对逆境或创伤并从中较快地恢复，他们往往具有更强的挫折承受能力和适应力。儿童和青少年的许多临床障碍与缺乏情绪调节能力密切相关。比如，情绪失调更容易使孩子在几个方面出现问题：焦虑症、抑郁症、进食障碍、对立违抗性行为障碍（俗称的"叛逆"），以及其他许多身体与精神疾病。鉴于所有这些证据，专家们认为，情绪调节技能对儿童与青少年的韧性发展至关重要。

人类如何自我调节

人类的大脑通过神经系统的两个部分进行自我调节。

第一，有一个紧急或快速反应系统——"油门"。它的主要工作是激活身体的"战斗或逃跑"反应。就像开车时我们踩油门给汽车加油一样，当这一快速反应系统被激活时，我们的身体会通过加快心跳、抑制消化和升高血糖等来快速获取能量，让我们可以与威胁我们的东西进行战斗，或者快速逃跑。

第二，有一个镇静或抑制系统——"刹车"。这个系统被激活的速度较慢，但一旦被激活，它就会减慢我们的心率、促进消化并节省能量。就像踩刹车可以减速或停车一样，我们神经系统的这个平静部分可以抵消战斗或逃跑系统产生的"狂飙"和损耗效应，它对控制我们的身体机能和情绪健康至关重要。

当这两个系统处于平衡状态时，我们的身体就会正常运转，我们就既能对挑战做出反应，又能控制情绪。但是，当这两个系统失去平衡时，我们就需要运用自我调节技术使它们恢复健康的平衡状态。

想一想早期人类经常面临的毒虫猛兽的威胁，战斗或逃跑反应对人类的生存至关重要，因此，"油门"在人出生前就开始发育，新生儿就有能力通过哭声来提醒父母他们的需求或他们感知到的危险。然而，"刹车"系统在孩子出生时并没有发育好。婴儿具备一些有限的自我调节能力，例如，吮吸手指、眼光回避和退缩，但他们的自我调节能力是有限的，尤其是当他们极度兴奋或极度心烦时。

更糟糕的是，"油门"会触发压力激素的释放以抑制"刹车"。当幼儿不受控制地哭泣时、当青少年不由自主地抑郁时，他们就仿佛正在驾驶一辆狂飙而没有刹车板的情绪汽车。

情绪调节不是人类与生俱来的技能。越小的孩子，情绪越会像钟摆一样大幅摆动。因此，帮助孩子学会情绪调节的技能是父母和老师等成年人最重要的任务之一。

帮助孩子学习情绪调节可以从以下三个方面着手：教孩子认识和调控情绪、提升积极情绪、管理消极情绪。

教孩子认识和调控情绪

为了让孩子有效地学习情绪调节的技能，他们需要能够识别情绪，并在具体的生活情境中去理解什么样的情绪表达是不适当的，以及如何在接纳自己情绪的同时，做出适当的表达。对于年纪比较小的孩子，通过角色扮演、游戏、绘本、电影等来学习了解和调控情绪，效果最好。现在有很多教孩子情绪调节的绘本，研究显示，以诸如《红色龙与朋友们》（*Game on*）等书籍作为资源，帮助孩子调节情绪是成功的。在《红色龙与朋友们》中，红色龙亚历克斯脾气暴躁、无法调节自己的情绪，对自己的行为也没有承担责任，这导致亚历克斯伤害了朋友的感情。书中多次鼓励亚历克斯放慢速度、停下来并反思他的情绪爆发和不良行为，最终，亚历克斯能够让自己平静下来，他走开并深呼吸三下，并且看到了自己的不同行为对朋友产生的影响。孩子完全可以采用书中介绍的方法来帮助自己调节情绪。

电影也是非常好的学习材料。皮克斯的 3D 动画电影《头脑特工队》是教孩子了解情绪的非常好的资源。虽然这是一部动画故事片，但它由美国的著名心理学家达契尔·克特纳（Dacher Keltner）担任电影的顾问，所以在科学上是站得住脚的。

这部影片讲的是，11 岁的女孩莱莉随父母从明尼苏达州搬到旧金山。由于不适应这一变化，她经历了很大的情绪困扰，以至于一度离家出走。

这部电影是通过拟人化情绪的角度来展开故事的，莱莉头脑中的五种主要情绪分别是：喜悦、悲伤、愤怒、恐惧和厌恶。这些情绪彼此争夺对莱莉头脑的控制权。

　　本片的一个主要的信息是，所有的情绪都是有意义的，只有体验所有的情绪，才能获得成长。正如玛莎·瑞诺德（Marcia Reynolds）博士所说："所有的情绪都是人类经验的一部分。没有悲伤，你就无法体验快乐；没有愤怒，你就无法体验平静；没有恐惧，你就无法体验勇气。当我们允许自己在黑暗和光明中穿行时，生活就会更加丰富。"

　　对孩子来说，对情绪的调节是从识别情绪和了解情绪的功能开始的。当孩子可以自省自己的情绪并用语言来描述情绪时，他们就从被情绪支配中跳了出来。

【思考与练习】

识别与调节情绪练习

情绪图表

　　复印下面的图（见图 7-1），当孩子出现强烈的情绪反应时，请他们在图上圈出他们正在感受的情绪：担心？伤心？愤怒？害怕？沮丧？

感觉

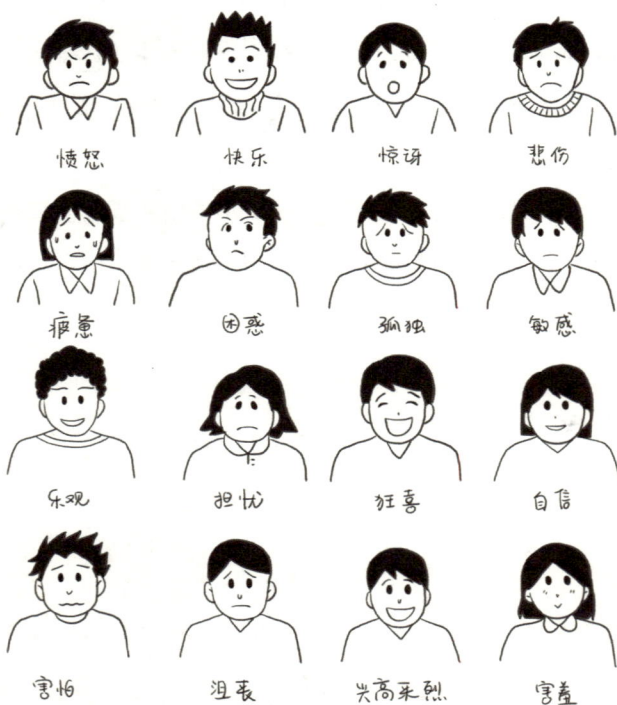

愤怒	快乐	惊讶	悲伤
疲惫	困惑	孤独	敏感
乐观	担忧	狂喜	自信
害怕	沮丧	兴高采烈	害羞

图 7-1　圈出你的情绪

情绪调节计划

　　请运用下面这份情绪调节计划表（见表7-1）帮助孩子学习管理情绪。坐下来与孩子一起制订计划，讨论在感到愤怒、悲伤、沮丧等时，他们可以做什么，可以采取哪些具体的应对策略。

表 7-1　情绪调节计划表

当我感到愤怒时，我能：
当我感到恐惧时，我能：
当我感到厌恶时，我能：
当我感到焦虑时，我能：
当我感到悲伤时，我能：

提升积极情绪

积极情绪就是那些让我们感觉好，而且也能给我们带来益处的情绪。大家最熟悉的积极情绪就是快乐。实际上，积极情绪也是一个复合概念，包括一组情绪。著名的积极心理学家芭芭拉·弗雷德里克森（Barbara Fredrickson）将积极情绪分为十种，分别是：喜悦（快乐）、感恩、乐观（希望）、兴趣、自豪、逗趣、激励、敬佩与敬畏、宁静、爱。我们从中可以看出，积极情绪既有那些比较活跃和动态的情绪，如喜悦、逗趣等，也包括那些比较安宁和静态的情绪，如敬畏、宁静等。因此，积极情绪发展得比较全面、情绪调节能力比较强的孩子，不会总是"嗨"得很兴奋，而是能动能静，该动的时候动、该静的时候静。

积极情绪和消极情绪对人类都有意义。消极情绪帮助人类生存，而积极情绪则促进人类发展。用弗雷德里克森的概念来说，积极情绪对人有"拓展与构建"的作用。

韧性强的人，即便在逆境中也能拥有一些积极情绪。弗雷德里克森所著的《积极性》（*Positivity*）一书提到，"在研究中，我们发现，韧性强的人的日常情绪与韧性弱的人明显不同。"她指出，当韧性较弱的人面对困难时，他们所有的情绪都会变得消极。如果事情是好的，他们会感觉很好，但是如果事情是坏的，他们会感觉非常糟糕。

与此相反，韧性强的人虽然在困难或痛苦的情况下也会体验到消极情绪，但他们也能体验到积极情绪。他们哀悼损失并忍受挫折，但他们也在大多数挑战中找到了救赎的力量。这些人即使在最糟糕的情况下也往往会看到一线希望。弗雷德里克森说，虽然他们肯定会看到并承认事情坏的方面，但他们也会找到一种方法来看到事情好的方面。他们会说："好吧，至少我没有遇到其他问题。"

她指出，这与陷入虚幻盲目的乐观而导致的否认不同。有韧性的人不会掩盖消极情绪，而是让它们与其他情绪并存。因此，当他们感到"我为此感到难过"时，他们也会同时想："但我也对事件中的一些因素心存感激。"

这种平衡的情绪反应模式不是每个人都具备的，如果你目前还不能做到这一点，你是可以通过学习和训练做到的。弗雷德里克森说，首先要做的是挑战你内在的思维模式，因为思维模式会引发情绪模式，所以为了改变情绪模式，有时我们需要做的是减少消极思维并激发我们的积极思维。弗雷德里克森说，建立韧性的关键在于，无论何时何地，都要关注并欣赏那些积极事件。

关注积极事件，说起来容易做起来难。尽管事实上我们经历的积极事件更多，但由于内在的生存机制，人类的大脑天生就更倾向于关注消极事件，消极情绪对我们的影响也更大。

在远古时期，人类面临着缺衣少食、毒虫猛兽、天灾人祸等众多威胁生存的负面事物。为了生存下去，我们的祖先必须高度关注这些负面事物，并以由此产生的负面情绪去引导自己做出有利于生存的行动，如因恐惧、厌恶而战斗、逃跑或远离。也许我们的祖先中也有天生的乐观主义者，不知道下顿饭在哪儿也不担心、看到剑齿虎走过来也不当回事、迎面遭遇了"食人族"部落还热情地打招呼。现实是，这样"神经大条"的人应该是活不到繁衍后代就会被淘汰的，而他们更注意负面事件的兄弟姐妹则会生存下来。就这样一代一代淘汰下去，存活下来的人类后代都遗传了一个有"负面偏好"的大脑。

但是，对于生活在现代社会的人来说，我们并不是时时刻刻会面临缺衣少食、毒虫猛兽、天灾人祸的威胁。我们现在可以说是生活在人类有史以来最好的时代：经济发展、教育普及、科技进步……对大多数人来说，我们每天经历的大部分事件，都应该是正面的或中性的。不过，我们很多人依然长着有负面偏好的大脑，专门注意生活中的坏事，并会对此产生负面的情绪反应，比如，对自己的配偶挑三拣四，而对配偶多年来给予自己的关怀和照顾熟视无睹；总拿自己的孩子跟别人家的孩子比，看不到自己孩子的长处；对自己生活中的众多好事习以为常，却总是对一件不顺心的事耿耿于怀……这也许可以从一定程度上解释，为什么现在生活越来越好了，人们患上抑郁和焦虑等心境障碍的情况却越来越多了。

如果家长或老师在养育和教育孩子方面有负面偏好，一个可能的后果就是，孩子为了引起家长或老师的关注而故意做坏事。很多家长和老师，在孩子乖乖地写作业、安安静静地玩的时候不会注意孩子，也不会给予孩子表扬，但当孩子调皮捣蛋时，家长或老师就会马上注意到并且立即批评孩子。如果总是这样，孩子为了得到家长或老师的关注，就有可能会故意"捣蛋"。因为，被批评，甚至被打骂，也是一种关注。对一些孩子来说，没有什么比得到他们所重视的家长或老师的关注更重要的了。所以，如果你的孩子或学生总是调皮"捣蛋"，不是出怪声，就是做怪相，要不然就是弄坏东西、不听话等，并且总是屡教不改，请你反思一下：你是否会经常无视孩子的好表现？是否会只在孩子表现不好的时候，才把注意力放在他身上？你在对待孩子方面，是否有负面偏好？

既然负面偏好可能会影响我们的幸福感，带来心理问题及教育问题，那么要怎么改变？显然，我们需要纠偏，那就是要多多地关注好事。

很多心理干预可以帮助我们把注意力更多地集中在好事上，其中一个著名的积极心理干预是"三件好事"练习。

三件好事练习说起来很简单，就是至少一周，每天都写下当天的三件好事。有的朋友可能会想：这也叫积极心理干预？太"小儿科"了吧！且慢，请先听我举个例子，然后告诉你这个练习中的道理。

我从儿子大概五岁开始，就经常和他一起做三件好事练习。通常是在晚上，读完睡前故事之后，我会问他："你今天有哪些好事？"出于人类的负面偏好，他印象最深的可能是今天让他不开心的事，比如，有个小朋友拿了他的动漫卡片不还给他。没关系，我就倾听、共情，然后继续启发："还有吗？有什么好事吗？"直到孩子说出他今天经历的三件好事。

今天说了三件好事，明天接着再说，还要尽量不重样。几天之后，孩子就说不出来了，因为他生活中基本上就是家、学校、朋友那些事。于是，儿子说："妈妈，没有那么多好事！哪有那么多好事？"我说，你再想想。他说："什么都算好事吗？我长个胳膊、长个腿，这也算好事吗？"大家想一想，相比于那些肢体残疾的人，我们四肢健全难道不是一件很大的好事吗？过了几天，他又说不出来了。当我启发他时，他说："妈妈，真的没有更多的好事了。我已经把我有胳膊有腿都算进去了。难道我活着，这也叫好事吗？"大家再想一想，当我们到殡仪馆、墓地看到那些长眠不醒的人，再看看我们自己，每天睁开眼睛还能看到太阳，这难道不是一件天大的好事吗？

这个例子说明，我们人类其实是适应性特别强，并且非常不懂感恩的一种动物。生活中有很多好事，就是因为我们对此太习以为常了，我们根本就不觉得它们是好事。

"三件好事"这个练习，就是让我们对自己有一种承诺：每天晚上都要写出当天所经历的三件好事。在你写了几天之后，你慢慢地可能就越来越写不出来了。这时你会怎么办？从早晨一睁开眼，你就会特别用心地去发现：今天到底有什么好事。你在一整天里都会带着一双"发现"的眼睛去寻找：今天在世界上及我的生活中，到底有什么好事……长此以往，你就会有意无意地把注意力从负面的事情上转移到积极的事情上，你会慢慢地习惯于此，逐渐地纠正了你的负面偏好，最终变成一个关注积极的充满了正能量的人。

思考与练习

三件好事练习

时间：每天 5~10 分钟，持续至少一周。一周之后，如果做不到每天写，可以隔日写，写这两天内发生的三件好事。一个月之后，可以每周写一次，写本周内的三件好事。最好能长期坚持。

具体做法：

1. 先写一个短句，说明是什么事情（例如，我努力学习，今天通过了考试）。如果你没有更多的时间或不擅长写作，可以到此为止。如果可以，请继续写下事情的细节和原因。

　　（1）具体写下发生了什么事、你在哪里、你做了什么或说了什么，当时的情景如何。

　　（2）写下这个事件给你带来的感受。

　　（3）写下你认为是什么导致了这个事件，它为什么会发生。

2. 所谓好事，可以是自己亲身体会的事情（比如，我通过了一个考试），也可以是你听到或见到的别人经历的好事（比如，今天我的外甥女结婚了），或者是这个世界上的好事（新冠疫苗研发成功了）。

3. 好事可大可小，既可以是日常小事，也可以是世界大事。尽量不要每天写同样的事。如果做不到天天写，一周之后可以隔天写或一周写一次，关键是不要流于形式，要写出自己真心感叹的好事。

4. 对于不会写字的孩子，可以画画，也可以用口头述说。会写字的人，写下来很重要，这比简单地在头脑中做这个练习更有帮助。

三件好事

请准备一个你喜欢的笔记本，每天晚上花 5~10 分钟，写出你今天生活中的三件好事，最好写上具体的情景、原因及你的感受。

日期 _____

好事：

1.

2.

3.

* * * * * * * * * *

著名的积极心理学家索尼娅·柳博米尔斯基（Sonia Lybomirsky）

在其所著的《幸福有方法》一书中，总结了提升积极情绪的 12 种人生方法。这些方法经研究证实，能有效地增强快乐、爱等积极情绪，减少抑郁、焦虑等消极情绪。

（1）**表达感恩之情**：清点你得到的恩惠，可以与一个亲密的人交流这方面的感受，或者私下沉思或写日记，或者向一个（或一些）你从未用心感谢过的人表达你的感激和欣赏。

（2）**培养乐观精神**：坚持写日记，把自己对未来最美好的设想描述出来，或者学着在日常生活中去看每件事的光明面。

（3）**避免思虑过度和社会攀比**：采取一些策略（如分散注意力）来控制自己对某个问题过重的思虑，停止与他人进行攀比。

（4）**表达善意，多做好事**：为他人做好事，无论对方是朋友还是陌生人，以直接或匿名的方式，即兴而为或有计划地去为对方做好事。

（5）**培育人际关系**：选择一项需要加强的人际关系，投入时间和精力去培育、修补、加固和享受这段关系。

（6）**多做热爱的事**：无论在家庭生活中还是在工作中，多去做那些具有挑战性和吸引力的、能使你物我两忘的事情。

（7）**品味生活的喜乐**：借由沉思、写作、绘画或与他人分享，对生活中转瞬即逝的快乐和神奇之处加以留心观察，享受它赐予的乐趣，并以珍惜的态度时常回味。

（8）**致力实现目标**：选择一个、两个或三个重要而有意义的目标，投入时间和努力去实现它或它们。

（9）**发展应对策略**：面对近期生活中存在的压力、困难或挫折，探寻应对问题、战胜困难的方法。

（10）**学会宽容与宽恕**：对那些曾经伤害过你或误解过你的人，通过写日记或写信的方式来纾解怒气，放下怨恨。

（11）**追求精神成长**：更多地参加促进心灵成长的活动，或者对以精神成长为主题的书籍进行阅读和思考。

（12）**关照自己身体**：参与体育活动、冥想，时常微笑和大笑。

对一些人来说，上述几乎所有提升积极情绪的方法都适合，但也有人并非如此。那么，哪一种方法更适合你？

下面是一个用于考察个人活动匹配性的测试。请抽出一些时间来完成这个测试，或者用这个测试来帮助你的孩子或其他人找出哪些活动适合他们。

提示：请考虑以下的 12 种快乐行动（见表 7-2）。想一想，如果你在一段较长的时间里每周都做这项活动，你的感觉会是怎样的？你会出于什么样的动机来做这些活动？这里给出 5 个原因，分别是享受、自然、重视、愧疚和被迫。请你按照自己的感觉给出评分。

- 享受：我会继续做这项活动，因为我享受做这件事；我发现它很有趣。

- 自然：我会继续做这项活动，因为它让我觉得很自然，我能坚持做下去。

- 重视：我会继续做这项活动，因为我认为它很重要，我对参与其中有认同感；甚至当我不觉得它有乐趣时，也会自觉自愿地去做。

- 愧疚：我会继续做这项活动，因为如果我放弃的话，我会感到羞耻、负疚或焦虑；我会强迫自己做下去。
- 被迫：我会继续做这项活动，因为是别人要我这样做的，或者是我的处境迫使我这样做。

表 7-2　12 种快乐行动的个人匹配性测试

我的感觉 / 快乐行动	享受（5 分）	自然（4 分）	重视（3 分）	愧疚（2 分）	被迫（1 分）
表达感恩					
培养乐观					
避免攀比					
实施善举					
培育关系					
投入热爱					
品味生活					
追求目标					
发展应对					
宽容宽恕					
精神成长					
关照身体					

请看一下分数，分数最高的五个就是适合你的提升积极情绪的干预方法。

管理消极情绪——减少抑郁

虽然有很多方法可以改善一个人的情绪状态，但情绪调节通常涉及专家所说的"下调"或降低情绪强度。一个悲伤的人可能会通过回忆一些有趣的事情来降低他的悲伤。一个焦虑的人可能会通过分散他的注意力来应对导致他焦虑的想法。其实，情绪调节还可以包括"上调"，或者增强一个人的情绪，比如，当迫在眉睫的危险或挑战需要健康的焦虑或兴奋时，上调情绪很有用。

情绪调节的主要方法是重新评估和抑制，此外还包括选择或改变一种情况来影响一个人的情绪体验，并尝试接受情绪。

重新评估，也叫认知重建，是指通过改变人们对事物的看法来改变一个人的反应。本书第三章所讲的 ABC 方法，就是这种方法。

抑制，也被称为回避性策略，包括否认、情绪抑制或压抑性应对。总体来说，各种涉及明确识别并表达情感体验的策略（如表达性写作），往往都比抑制和回避性的策略更具适应性。不过，回避性策略也并不总是适应不良，例如，主动分心有时可能是有益的，特别是在调节压倒性情绪以帮助降低其强度的最初阶段，或者，当刚刚目睹或经历创伤时，分心可以破坏记忆的形成并有助于减少随后的侵入式闪回。

以下是一些情绪调节的方法，我对儿子——介绍了这些方法，他也一一做了尝试。

看到负面情绪的积极意义

负面情绪让人感觉很糟糕，但有时它们是有益的。当我们沮丧或悲伤时，负面情绪有助于他人看到我们需要支持；当我们感到焦虑时，我们通常会比完全不焦虑时表现得更好；当我们心烦意乱时，不安的情绪有助于激励我们采取行动来改变现状。

只是受这些负面情绪烦扰而不去认真体会它们的意义，会让我们白白受苦而没有得到成长。从根本上说，情绪在以重要的方式指导我们的行为。关键是接受、体验和利用这些负面情绪来推动我们的行动，让自己变得更好，更有力量。

所以，当生活把你扔进沟里、你觉得很糟糕时，可以问问自己："这种消极情绪是不是在教我什么？"如果是这样，那就不要推开它而是要接纳。

拉开心理距离

当遇到挑战时，将自己正在经历的事想象成"窗户上的苍蝇"，把自己想象成从远处观察这只苍蝇的人，这可以让自己在情感上与挑战拉开一段距离。情感上的疏远也让你不太可能反复咀嚼事件中不愉快的细节，因此，你可能会感觉更好。

比如，我就教儿子练习这一技巧。从外部观察者的角度重新看待自己目前的压力状况，然后问自己一些问题：

- 如果你是一个旁观者，你能理解这个高中生为什么不高兴吗?

● 这位旁观者会怎样评估你现在的情况?

● 这位旁观者采取的行动可能与你不同吗?

往往,当我们从外部观察者的角度重新看待自己的情况时,我们就从深陷其中的负面情绪泥潭中拔出腿来,这有助于让自己的负面体验不那么强烈。

拉开时间距离

当你遇到一件侵扰你的事情、让你心里非常难过时,你不妨问自己几个问题:

● 这件事,三个星期后还重要吗?三年后、三十年后还重要吗?

● 三个星期后、三年后、三十年后,你会做什么?

● 这件事,三个星期后、三年后,你会怎样看待它?三十年后呢?

当从相对遥远的未来看待此时此刻的事件时,你往往会有超脱的感觉。

你也可以从发展的角度看眼前的困境,比如,你可以告诉自己"时间会治愈所有伤口"或"这件事也会过去的"。这种想法可以减少负面情绪的强度。

分心与转移法

研究发现，在不同的人群中，抑郁症发生率最高的人群是知识女性。至少有一部分原因是，知识女性喜欢反复"咀嚼"自己的痛苦，经历过不愉快的事情后，她们思考、反省、懊恼、写日记……虽然她们的本意是通过这些活动，让自己从负面情绪中走出来，但结果却往往相反：你越是沉浸其中，越是无法自拔，就像我现在越是告诉你"千万不要想一头白熊"，你脑子里越会固执地出现一头白熊那样，有时抑制会起反作用。

鉴于此，减少负面情绪的一个有效方法是：做一些事让自己分心，把自己从烦恼的事情中"带出去"。对我特别有效的办法是：看一本励志的书，或者看一部惊心动魄的电影。我的注意力和情绪会完全被书和电影占据，之后再想那些心烦的事，负面情绪就已经烟消云散了。

因此，我建议儿子，不要总是待在宿舍里自怨自艾，把情绪"打个包、放在壁橱里"，去做一些吸引自己的事，如打球、看电影、玩游戏等。但要注意，不要用消极的事帮助自己分心和逃避，如抽烟、喝酒。一旦抽烟、喝酒让你忘却了烦恼，让你目前感觉良好，你可能就会养成每次有烦恼就去抽烟、喝酒的习惯。

采取"相反的行动"

这是与分心法相关的一种方法，即对自己的消极行为采取相反的行动。比如，我对儿子说："现在你不想出门，只想一个人躲在屋里，你不想与朋友交往，不想去参加活动，也不想去运动。因为现在你的情绪（沮丧）没有给你带来好处，所以你要努力做完全相反的事情：你要强迫自己出门，多与人交往、多参加活动、多去运动，而不要总是把自己关在屋里。"

这个做法的道理是：行为的变化，也会导致情绪的变化。也就是说，不仅是我们的思维和情绪会影响行为，行为也会反过来影响我们的情绪，甚至想法。因此，改变情绪，也可以从改变行为开始。

交流与求助

很多情绪不好的人都倾向于自我隔绝，而自我隔绝会使情绪更加不好，形成负面循环。我鼓励儿子，去找心理老师求助、找同学玩、与好朋友谈心，人际交流不仅会起到转移的作用，而且会给你支持的力量。

照顾好身体与生活

保障生活有序和身体处于良好的状态，对调节情绪非常重要。试想，身心是一体的，正常的时候如果吃不好睡不好都会很不舒服，何况是已经有情绪困扰的时期？因此，我希望孩子一定要吃好睡好，还要积极地去运动。此外，也要继续听音乐、弹琴让自己的神经系统处于平衡的状态，让身体分泌快乐的激素。

儿子尝试了我介绍的所有这些方法，前面几个与积极心态有关的方法对他有帮助，而后面几个具体的行动方法对他尤其见效。他约心理老师做了咨询，专门与室友长谈，强迫自己去参加了很多活动，每天下午都去健身房运动至少一个小时，晚上则在写完作业后弹琴、听音乐，周末与同学一起玩游戏，或者到小镇上逛街……经过两三个星期，他的情绪明显变好，返校两个月后，他的情绪就基本上调整过来了，身体也逐渐变好。到了 11 月底感恩节的时候，我看到的已经又是一个朝气蓬勃的快乐天使了！

管理消极情绪——减少焦虑

认识焦虑

焦虑是一种"二级情绪"，它是由愤怒、担忧、恐惧等更基础的情绪导致的。焦虑是现在困扰很多儿童和青少年的问题，一些孩子过度地害怕、担心、紧张，有些孩子甚至会有惊恐发作。因此，请帮助你的孩子认识和理解焦虑，从而学会控制焦虑。

当孩子焦虑时，他们会在身体中感受到焦虑的感觉，并且会影响他们的想法和行为。请花一些时间帮助孩子确定他们在压力和焦虑时的体验。让他们注意自己身体的感觉，询问你的孩子在焦虑时注意到的事情，或者询问他们记得当时在做什么，这些场景和行为将是激发焦虑行为的线索。

大多数孩子知道他们在焦虑时会做的一些事情，但对于一些孩子来说，识别焦虑的想法可能很棘手。首先问你的孩子："当你感到焦虑时，你在想什么？"如果这不能帮助你的孩子识别他们焦虑时的想法，再试着问："你脑海中突然冒出了什么？"或者"你大脑里闪过了什么？"

让孩子查看以下焦虑情绪、想法和行动的例子。然后，让孩子用他们如何经历焦虑的例子填写下面的表格（见表 7-3）。能够识别何时感到焦虑是控制焦虑的重要第一步。

焦虑的情绪：

- 心跳加快；
- 呼吸困难；
- 感觉要窒息了；
- 头晕；
- 出汗；
- 脸红；
- 沉重或疲倦的肌肉；
- 颤抖；
- 胃不舒服；
- 看事物模糊；
- 胸口发紧；
- 手脚麻木或刺痛。

焦虑的想法：

- "我会考试不及格。"
- "我妈妈可能会忘记放学时来接我。"
- "我的老师会对着我大喊大叫，同学们会笑话我。"
- "那条狗可能会咬我！"

- "世界是一个危险的地方。"

- "如果我从自行车上摔下来，每个人都笑话我，怎么办？"

- "如果我在学校吐了怎么办？"

- "如果我的妈妈或爸爸死了怎么办？"

- "我做不到。"

焦虑的行为：

- 在课堂上不提问，或者不回答问题；

- 努力在外表和功课上做到"完美"；

- 反复检查事情以确保它们正确完成；

- 拒绝去打针或看牙；

- 由于社交恐惧，不与其他孩子一起出去或几乎没有朋友；

- 因各种原因（例如，考试、演讲、欺凌、不得不与他人交谈等）而拒绝上学；

- 拒绝参加活动或表演；

- 需要家长或老师反复说："一切都会好起来的，没事！"

管理焦虑

对许多儿童和青少年来说，与无形的东西战斗会让他们感到不知所措。给焦虑起个名字、给予一个身份，可以帮助孩子具象化他们所面临的挑战，并帮助他们开始控制焦虑。给焦虑创建一个身份，甚至可以把处理焦虑变得很有趣。当孩子玩得开心时，就不会感到焦虑了。

- **给焦虑命名**：可以参考故事、电影或书籍中的人物，为孩子的焦虑起一个名字。鼓励孩子选择一个可以打败的角色（例如，压力怪、担心龙、焦虑虫、欺软怕硬者等）。尽量避免使用具有超能力的角色，如钢铁压力侠、无敌焦虑怪等，因为这可能会让孩子在焦虑特别严重的日子里感到失控和受挫。

- **让焦虑具象化**：对于年龄较小的孩子，让他们画一幅焦虑的画，或者做一个泥塑，然后把它放在房间里，这样就知道他在与谁斗争了。鼓励孩子用任何创造性的方式来呈现。对于年龄较大的孩子，让他们画一幅图像，或者用文字、诗歌、歌曲或故事来描述压力和焦虑，目的是让他们赋予自己的焦虑一种形象和个性，以帮助他们有一个可以反抗的客观的目标。

- **成为一名侦探**：教孩子成为一名侦探，以收集有关焦虑的时间、地点和方式的信息。对焦虑的模式有更多的了解，可以帮助孩子在压力下不会那么不知所措。孩子可以使用笔记本、卡片或电子档案来收集这些数据，就像私家侦探一样。

- **定时焦虑**：一时的焦虑是正常甚至可能是有益的，对身心健康有损害的是那种长期的、时时刻刻的焦虑。因此，要教孩子把焦虑控制在有限的时间内，比如，将每天晚上 7~8 点设置为专门的焦虑时间（或担心时间）。如果你无法不焦虑，就对自己说："我现在不用想这件事，等到焦虑时间再担心这件事。"由于你专门留出了焦虑时间，你的大脑就会告诉自己，你无须时刻都焦虑或担心。这样就让孩子在一天中的大部分时间都获得了解放。

● **定点焦虑**：与定时焦虑的原理相同，让孩子的焦虑与某个特定的地点或物体产生联系，从而让焦虑变得可控，而不是无所不在地漫延。可以设置一个专门的焦虑地点或焦虑物体。比如，孩子可以选家门外的一棵小树作为"焦虑点"，或者把桌上的一块石头设定为"焦虑石"。只有坐在小树底下，或者拿出石头的时候，才去担心和焦虑。其他的时间，可以绕过小树、把石头收起来，从而让自己在绝大部分时间里不被焦虑侵扰。

● **外化和拒绝**：当孩子开始注意到焦虑在何时、何地及如何干扰他们时，你可以帮助孩子将他们的行为与由压力引起的行为区分开来。比如，当孩子说"我会搞砸，大家会笑话我"时，请为他们重新表述："你的意思是：你的焦虑告诉你，你会搞砸，大家会笑话你。"或者，当孩子拒绝上学时，你可以说："似乎是焦虑让你觉得自己无法应付上学这件事。"一些父母担心，把压力或焦虑外在化，会导致孩子将其作为一种借口，比如，将不努力归结为太焦虑。不过，这种情况很少发生。大多数孩子都愿意为自己的行为负责，只有在真正焦虑时才将责任归咎于焦虑。

【思考与练习】

管 理 我 的 情 绪 触 发 器

"触发器"是任何引起强烈，但你不想要的情绪或行为反应的东西。几乎任何事情都可以成为触发器——人、地点、情境或事物。有时避免触发可能会有所帮助，但有很多情况是无法避免的。人们通过处理情绪来学习如何最有效地管理触发器，通过练习，你可以学会以健康的方式应对那些让你产生负面情绪的人、事、物。请使用下面的表格作为练习（见表 7-3）。

表 7-3　管理我的情绪触发器

描述情况
描述引起你强烈情绪反应的情况。详细说明情况发生的时间、地点、人物和事物。

（续表）

做好准备

- 在触发因素发生之前预测它们，是管理我们反应的有效方法。比如，如果你知道学校里的某位同学会让你生气，那么当你远远地在校园里看到他时，就提醒自己要保持冷静了。
- 对于你的触发器，你如何预测和准备？

做出改变

　　你可以更改触发器的某些内容吗？例如，如果有一位同学总是对你的体型做出负面的评价，你能告诉他停止吗？有些情况我们可以改变，那就避免了对我们的情绪进行触发，但是，有些情况我们不能改变。

可以改变的情况：

不能改变的情况：

（续表）

你的应对方法

如果你不能改变这种情况，你可以采用什么策略来应对情绪的触发？

第 8 章

—

建设关系，
心怀感恩

—

宁可伤害自己，也不告诉父母

2021 年 5 月 9 日傍晚，成都四十九中高二学生小林，从家里回到学校大约一小时后，从学校坠楼身亡。

小林学习成绩优异，高考预计可上一本线。对孩子的突然死亡，家人悲痛欲绝，对孩子死于自杀更是难以置信。小林的妈妈对记者说："我上周末去接孩子，孩子还主动和我说这次考试考得不好。我问他原因是什么，他说是没休息好，其实题目他都会做，还让我放心，这又不是高考，高考他会考好的。我跟他说，'妈妈相信你，不会给你压力的。'"

"出事当天，我和他还讨论了暑假去哪里旅游，我从学校离开的时候，他笑着跟我说'拜拜'。怎么才两个多小时就出事了！"小林的妈妈说，他的成绩很好，也很自信，有自己的规划。他性格开朗，平时住校，周末回家时一般都是有说有笑的，之前没有发现过任何异样。

但是，学校的监控视频显示，小林当晚在自习期间离开教室，在不同的楼道之间走动，还曾进入学校的水泵房，并手持一把刀具多次割左手腕，期间表现出垂头、摇脑、情绪低落，其手腕上可见明显伤痕。

事发后，警方对师生进行了调查，未发现小林在学校与老师、同学发生过矛盾或遭受过体罚、辱骂、欺凌的情况。不过，一些学生反映小林性格内向。2021 年 5 月，他在与朋友的聊天中说了一些自我贬低的话，表现出多虑、自我否定的情况。警方调取手机数据发现，2020 年 6 月，小林和好友在聊天中说道："天天想着四十九中楼，一跃解千愁。"不幸的是，这个 16 岁的孩子终于实施了这样的行为。

小林自杀后，很多网友很疑惑：为什么他的妈妈会认为孩子是高高兴兴上学去的？孩子消沉的情绪、手臂上的刀痕，无论如何也不是"高高兴兴"的样子啊！

在第 1 章我们介绍过老 D 父子。老 D 的儿子给人的印象是阳光帅气，文理兼通，德智体全面发展。

在培养儿子的过程中，老 D 成了广州育儿圈的名人，很多人成了他的粉丝。作为模范爸爸和育儿专家，老 D 的故事上过多家媒体，他也到处分享过自己的家庭教育经验。

2020 年，老 D 的儿子在高中毕业后顺利地考上了被称为"南方哈佛"的美国埃默里大学。当所有人都被这个温情而励志的故事而感动并受到激励时，2021 年 3 月 5 日，老 D 的儿子在埃默里大学校园里自杀身亡，以惨烈的方式在 20 岁的金色年华结束了自己的生命。

在类似的案例中，一些反复出现的现象让我特别地心痛，希望能引起家长的注意与思考。

在孩子选择以自杀的方式告别世界之前，他们一定有过很多的艰难与挣扎。但是，孩子宁可一死都不愿意告诉家长他们内心的挣扎。在这些孩子的心里，他们的家长是什么样的角色？

在孩子最终实施自杀之前，他们一定有过很多痛苦、发出过求助的信号，但是家长却一点都没有发现到、没有感知到。那些爱孩子的家长，忽视了什么？

除了自杀这种极端的案例外，在报道中、研究中及生活中，我知道很多案例，孩子出现了严重的抑郁、焦虑、厌食、厌学、强迫症等心理问题，家长也是同样百思不得其解："好好的孩子怎么突然就变成了这样？""孩子是什么时候出现的问题？""为什么他宁可伤害自己都不肯跟我说心里话？"

这是一个复杂的问题。在本章中，我将从亲子关系和人际联结的角度来讨论这个问题，以帮助孩子提升韧性：第一，父母要保持亲子沟通的畅通，成为孩子面对挑战时的支持系统；第二，适当地给予孩子有条件的爱和无条件的爱；第三，培养孩子的感恩之心；第四，鼓励孩子的亲社会行为；第五，教孩子一些具体的人际技巧。

成为孩子的支持系统

我儿子 7 岁的时候，在美国一所学校上小学一年级。一天下午，我接到儿子学校的校长打来的电话，说他在学校因犯错误而被处罚了。原来在课间休息的时候，他和其他几个男同学在一起玩"Truth or Dare"的游戏，就是"我赌你敢不敢"的斗嘴游戏。其中一个男同学说什么，我儿子都说他敢；然后，轮到他来激那个男同学。无论他提什么问题，那个男同学也都说他敢。于是，他就一定要想出一个那个男同学不敢的东西，他说："你敢不敢现在当着这么多同学的面，把你的裤子拉下来？"那个男同学也挺实诚，立马承认说："哎呀，我不敢！"于是，他就赢了。

这个场景被一个围观的同学报告给了老师。这件事说简单也简单，无非就是几个淘气的小男孩在一起斗嘴，并没有任何实质性的行动。但是要说严重也可以很严重，那就是"挑动同学在公共场所暴露身体"。于是，不知该如何处理的老师又报告给了校长，校长决定给我儿子一个惩罚。其实校长的惩罚还是很温和的，就是罚他在课间不能去操场玩，而要到校长室去读书。校长给我介绍完事情的原委，我马上表示儿子回家以后，我一定会好好和他谈谈这件事情，我也完全支持学校对他的教育和惩罚。

下午儿子坐校车回家，嘴里哼着歌，一副若无其事的样子，而且一到家马上就去写作业，然后吃晚饭、洗漱，表现得特别好。但是我能感觉到他在偷偷地观察我，看我知不知道他在学校的事情。我并没有在他一回家就和他谈这件事。

晚上，我们开始了例行的睡前读书和谈话。他躺到床上，当我往他的床边一坐，眼睛和他对视的时候，他立马意识到："妈妈知道了！"在我说话之前，他就先对我说："妈妈，我今天在学校犯错误了。我被校长惩罚了。其实，我受到了两个人的惩罚。一个是校长惩罚了我，另一个是上帝惩罚了我。"我们并不是一个信教的家庭，儿子说"上帝"惩罚了他，这是一个孩子用自己有限的语言来表达，他的内心、他的良知受到了惩罚，这个抽象的惩罚是比校长给他的那个具体的惩罚更严厉的。当说到他也"受到了上帝的惩罚"的时候，他的眼泪就流下来了。

其实在我们成年人的心里，都知道这是一件很小的事情，校长在对我说这件事的时候，还带着笑意。但是，对一个七岁的孩子来说，这是一件天大的事情。他在学校算是一个好学生，他从来没有在大庭广众下被校长叫去过谈话，也从来没有在全校很多人面前被众所周知地惩罚过，而且被惩罚的内容又是一件让他感到羞耻的事情。他的内心受到了巨大的冲击和震撼，他拿出了最大的力量来维护自己人格的完整和尊严，包括他在回家之后装出若无其事的样子，也是在努力地维持自己的自尊。

这时，我该怎么办？如果我说："你怎么这么无聊，在学校说这种没脑子的话！害得我一个所谓的心理学家，被校长打电话告状！"然后再给孩子一顿责骂和惩罚。一旦我这样说了和做了，他可能从此就不会再和我说任何心里话了；更严重的是，他的自尊心可能也会在我的责骂声中稀里哗啦碎成一地。

在孩子的心灵受到巨大冲击、他们正在艰难应对的时候，家长需要做的不是显示我们的正确，而是给孩子的心灵提供支持。我对他说："你这样说，说明你已经知道错了。我相信你以后不会再犯这样的错误了。现在妈妈要告诉你的是：当你在外面遇到这种困难的事情，特别是当你觉得已经快应付不了时，你要记住：爸爸、妈妈、我们的家是 A Soft Place To Fall（一个柔软的、可以跌倒的地方）；当你心里特别难受时，你可以找爸爸、妈妈来哭诉；当你不知道该怎么做时，你可以和爸爸、妈妈讨论。你还是个孩子，有些事情你可能确实不知道该怎么办，这时爸爸、妈妈可以教你，可以帮你！"他听我说了这些话，坐起来紧紧地搂住我的脖子，眼睛里充满了感激。

后来他还遇到过一些挫折，比如，在他十岁的时候，他和爸爸去旅游，在一个旅游点把他的 iPod 丢了。那个最新版的 iPod 是他特别珍爱的宝贝，他盼了很久，我们才作为生日礼物送给他。他爱不释手，花了几个月的时间，下载了几百首自己喜欢的歌曲，天天听。在去旅游区玩之前，爸爸和他说过不要带去，免得丢失，但他舍不得和他的宝贝分开，还是带去了。也许是衣服口袋太浅掉出来了，也许是被人有意偷走了，当时他急得到处找，特别地绝望。爸爸一边帮他找，一边批评了他，因为此前提醒过他，他还是弄丢了。他在接下来的几天都为此情绪低落。他们回家之后，我第二天就注意到了，还问了一句："怎么没见你听 iPod 了？"他当时什么话都没说。

三天之后，晚上睡觉前，他认真地跟我说："妈妈，咱们说说话好不好？"每当这种时候，我总会认真地去对待。在黑暗中，儿子躺在床上，我躺在他的床边，儿子背对着我。这是他从小养成的和我深度谈心的姿态，在黑暗中且不面对人，这会让他感到安全和自在。在他和我说了他丢 iPod 的过程之后，我在背后搂着他说："我知道你多喜欢这个 iPod。你不仅爱这个设备，而且你花了那么多时间挑选和下载的歌曲也都没了。这个 iPod 丢了，你一定特别地心疼！……但是既然已经丢了，就往好处想。它只是一个东西，

不管多贵，它也只是一个东西而已，你以后一定会有能力买更好的
iPod 的！"我说到这里的时候，他抓着我搂着他的手说："妈妈，我
就知道你会理解我和安慰我。我从小到大有很多次，遇到一些事，
当时我都觉得我过不去了！但是因为有你，每次我都过来了。当
然，我长大以后再回头看那些事，觉得都不是多严重的事。但是在
当时如果没有你，我真的不知道我要怎么办！"

　　我说这些绝不是说我做妈妈做得有多好。保持亲子关系的通
畅，是一个需要持续努力的过程，我也依然在努力的过程中。但有
一点我是很明确的，那就是对我来说，最重要的不是证明我是正确
的，而孩子有错；也不是要获得权力来控制孩子，让他听我的话，
这些对我来说都不重要。我觉得重要的是，让他从小就意识到，家
长和家，是一个安全、充满爱的地方，是他坚强的大本营。当他
面对世界的挑战，遇到艰难险阻，或是受到伤害时，他可以回到家
里来舔舐伤口，可以对我们倾诉；家也是世界上一个他不必假装的
地方，他可以做真实的自己，可以表露自己的脆弱，他不会被我们
论断，更不会被我们责难，我们给予他的只有爱、理解和支持；此
外，家也是他的资源，当他不知道该怎么办，并且需要帮助的时
候，我们可以给他一些建议，可以教他一些方法。

＊　＊　＊　＊　＊　＊　＊　＊　＊　＊

　　有些家长想不通：为什么从小养大的孩子，跟自己不贴心？为
什么孩子和自己没话说？为什么孩子什么心事都不告诉家长？

　　其中很重要的一点是，我认为，我们给孩子的爱和支持，不仅
是在孩子可爱和成功的时候，更是要在他们做了错事、遇到不好的

事的时候。

2020 年 9 月，某学校的一个中学生因在班里跟同学玩牌被老师批评。老师请家长到校配合管教。孩子妈妈从老师办公室出来后，在教学楼里找到了自己的孩子，当众大声训斥。孩子明显已经很害怕了，但仍被母亲当着同学的面扇了几记耳光。妈妈离开后，比妈妈还高的少年在原地呆滞了两分钟，然后纵身从五层的教学楼跳了下去，不幸身亡。

我们给予孩子爱和支持，不仅因为孩子达到了我们所期望的标准，而且是要在他们和我们想象的不一样的时候。我的公众号曾经转载过一篇文章，一对"正常"的夫妻却有一个特别"娘"的儿子。如果是你，你能毫无怨念地接纳和爱这个孩子吗？

孩子犯了错误，或者与很多人不一样，已经遭受了无数的嘲讽和打击了。如果自己的亲人还嫌弃自己、对自己失望，孩子的内心会有多冷，人生之路会有多艰难。值得欣慰的是，那对夫妻经过种种挣扎，最后终于接纳了天生就"娘"的儿子，并且看到了儿子身上的很多闪光点，最后这个孩子活出了自己的精彩。遗憾的是，那个中学生的妈妈却当众伤害一个青春期少年的自尊，导致儿子跳楼身亡。

给予孩子爱和支持不是忽视孩子的错误，不是无原则地溺爱孩子。我现在谈这个问题的语境是，我知道太多太多的案例：孩子被人欺负，不敢告诉家长；身体受伤，不敢告诉家长；被性侵，不敢告诉家长；长大后被借贷者拍裸照逼迫，不敢告诉家长；出现心理问题，甚至考虑自杀，也不敢告诉家长……很多孩子在遇到问题之后，最害怕和担心的不是问题本身，而是："千万别让我爸爸、妈妈知道！"当然，不排除一些孩子是心疼家长，不愿意给家长增加负担和烦恼，但是还有很多孩子，在自己遭受挑战和创伤的时候，无论承受什么样的痛苦都不想对家长说，那是因为，要么觉得跟家长说了也无济于事，要么觉得让家长知道，是所有可怕的后果中最严重的后果。

怎么会这样？一种情况是，家长与孩子不够亲近，隔膜已经形成，因此，让孩子对家长说心里话、特别是说一些有点难堪的事情，孩子会觉得特别难开口，极其别扭；另一种情况是，此前，在孩子面临外部或内心的挑战，已经在艰难应付的时候，他们本该最亲近的家长却要与他们拉开距离、划清界限，站在"正确"的制高点上指责和惩罚他们。既然如此，孩子在遇到困境的时候，何必还要再增加家长这一额外的压力呢？

人能够主动寻求社会支持、周围存在可以给予的社会支持，这都与面对重大负面生活事件时人能够有心理韧性并蓬勃发展有关，反之亦然。研究发现，较差的社会支持与包括创伤后遗症在内的精神疾病有关。很多抑郁症患者都报告说，家人、朋友和其他社会联系人（如邻居、同事和亲戚）对他们的支持很弱或压根就没有给予支持。

有条件的爱与无条件的爱，请别给错

上面谈到，在孩子遇到挫折的时候，家人要给他们无条件的爱。但是，家长总是需要给孩子无条件的爱吗？无条件的爱对你的孩子真的好吗？

"无条件的爱"是指你爱你的孩子，仅仅因为他们是你的孩子，因此，不管他们做什么，你都会接纳和爱他们。

无条件的爱是一种新的教育观。几十年前，全世界的养育方式都以有条件的爱为主。"有条件的爱"是指孩子只有做到了某件事，或者达到了家长的某种期望，家长才会给予他们爱和接纳。有条件的爱是一种保持控制、灌输家长和社会所持有的价值观和规则的方式。在实际操作中，家长经常用给予或收回爱来奖励或惩罚孩子的行为。例如，当孩子自私、任性、懒惰或欺负小朋友时，你可能不会对孩子的行为表现出爱心，你暂时保留和收回了你的爱。虽然你仍然在心底爱着孩子，但是对孩子来说，感觉就像是："我做错了事，我的爸爸、妈妈现在不爱我了。"

最近二三十年，育儿理念出现了变化，越来越多的家长决定用无条件的爱去抚养孩子。不幸的是，通过完全否定有条件的爱的管教方法，家长失去了影响孩子的能力。不管他们的行为如何，家长总是以爱来奖励孩子。如果家长总是这样做，就会剥夺孩子应该最学会的重要的一课——他们的行为会产生后果。

与此相反，有些家长认为无条件的爱会把孩子宠坏：家长无条件地爱孩子，导致很多孩子成为自私、失控的所谓的"熊孩子"，这些孩子既不成功，也不快乐。于是，许多家长决定回归有条件的爱。

不幸的是，很多家长给了孩子错误的有条件的爱与无条件的爱。我们先来看有条件的爱。社会竞争的压力，让家长决定将有条件的爱导向孩子的学习、升学等对成就的追求，家长相信这种方式会激励孩子努力学习，取得成功。家长开始根据孩子在学校的表现来决定应该给予多少爱：如果孩子得了 100 分排名上升、考上了理想的学校，家长就会对他充满爱意，给予表扬和礼物；当孩子考了 60 分，排名退步，或者没有考上理想的学校时，家长就会通过表达失望、尴尬或愤怒等情绪来撤回对孩子的爱。结果是，孩子的自尊与他们的成就牢牢地捆绑在一起。这样一来，成绩和成就就变成了很恐怖的东西，因为如果你失败，你就会失去家人及社会对你的接纳、尊重和爱；当你"失败"了，你就没有价值了。

　　与此同时，很多家长对孩子的品格和行为则保持着无条件的爱。只要学习好，孩子的其他品行不受约束，孩子无须做家务，不用体谅别人，家长不会让孩子承担太多的责任，不让他们为自己的行为负责，不让他们面对任何后果，并且无论他们的行为如何，都继续爱他们——只要他们学习好就行！

　　在我看来，这些家长的做法恰好反了：我认为，家长需要在孩子的学习成绩和成就方面给予无条件的爱，这样孩子就不会担心，如果他们未能达到父母的期望，家人就不会爱他们了。这种无条件的爱会将孩子从失去爱的焦虑中解放出来，并鼓励他们尽最大努力来发挥自己的潜力。

　　另一方面，家长可以在孩子的品质、价值观和行为方面给予孩子有条件的爱，如在学习、文体活动、社会活动等方面，通过有条件的爱来鼓励孩子努力。当你用有条件的爱来灌输基本品质，如勤奋、耐心、坚持和毅力时，你就给了孩子实现目标的工具。

　　同样，家长的爱应该以孩子是否表现得像个正直善良的人为条件，即孩子是否以健康的价值观行事，如诚实、善良、尊重和责任。如果孩子表现出自私、冷漠或残忍，他们知道你会撤回你的爱——至少是暂时的。如果他们表现得很好，他们知道他们会得到家人的赞许和爱。随着时间的推移，孩子将学会内化这种健康的、有条件的爱，并且将其转化为内在的道德及引为准则，指导他们以合乎道德的方式行事。

培养孩子的感恩之心

有人说，现在的很多孩子是"我必须得到想要的一切，而且现在、马上就要得到"。这样的孩子，容易有骄娇二气、缺乏韧性。

原因是，首先，当你所要的一切都轻易得到满足时，出于人天然的适应性，你会对所拥有的一切很快就习以为常，并且认为理所当然；而当你想要的东西没有得到满足时，就会有很大的缺陷感，会非常不满意、不开心。

其次，这样的孩子有特权心态，觉得自己是中心、是宠儿，自己理应享受最好的待遇，别人都应该为自己服务。因此，当他们遇到挫折时，他们就会发现这个世界不是围绕着他们转的，也会特别地不能忍受、特别地失落。

克服这种现象的办法之一，就是让孩子拥有感恩之心。

有感恩之心就是不忘自己所领受的恩典。感恩让人们在顺利的时候，将注意力从习以为常的生活中转移到积极的事物中，有意识地看到自己的幸运；而当逆境袭来时，对生活中一切美好的事情心存感激，看到自己所拥有的资源，获得应对挫折的力量。

众多心理学的研究表明，感恩能给人带来很多好处，包括身体更健康、生活满意度和幸福感更强、更少物质主义、更少抑郁和焦虑等心理问题、更强的心理韧性等。比如，因感恩而产生的满足、愉悦、感激等积极情绪，会促进大脑释放多巴胺和血清素等让人快乐的化学物质。大脑还会同时增加对催产素的分泌。催产素是一种激素，有放松神经系统的作用，能缓解沮丧、紧张、焦虑，让人保持心境平和、睡眠更好、更少疲劳感。而这种积极的心理状态，还有利于增强免疫力、减少炎症水平，让病体更快地康复。

此外，感恩还会强化人们之间的关系。有感恩之心的人对周围的人、事、物及自己的经历心存感激。可以想象，无论是在家庭、工作还是在社会中，我们都讨厌那些以自我为中心、有特权感的人或"白眼狼"，而喜欢那些"知好""领情"的人。因此，有感恩之心的人会得到他人的正面回馈，进一步强化彼此之间的关系，而积极的人际关系，是人们应对逆境的重要资源。

因此，鉴于生理、认知、情绪及人际关系等多方面的原因，有感恩之心的人较少抑郁，在经历创伤事件后也更有心理韧性。

那么，如何培养感恩之心？一般而言，以下方法可以帮助人们培养感恩之心并表达感恩之情：

- 写感恩日记；
- 写感恩信；
- 做感恩拜访；
- 做感恩冥想；
- 从事感恩行动。

　　具体方法请见下面的"思考与练习"版块。

　　这里特别说一下如何培养孩子的感恩之心。

　　我知道不少家长（包括老师），对孩子的自私、"白眼狼"行为甚为不满，看到孩子有好吃的先想到自己，什么好东西都想要，不分担家务，习惯于让别人伺候和照顾自己，不考虑家长和其他人的辛苦等，虽然知道这些都是自己"惯"出来的，但随着孩子长大，还是越来越不满，因此经常唠叨，历数自己如何为孩子付出，或者责骂孩子如何不知感恩等。

　　近些年，也许是因为自我中心的孩子比较多，大家都开始重视感恩教育。比较经典的是学校会组织家长与孩子一起活动，细数家长如何一心一意地爱孩子、如何为孩子付出、如何含辛茹苦、如何为孩子牺牲了很多……然后让孩子用语言表达对家长的爱和感谢，再给家长一个拥抱，或者给家长洗脚……现场配上动情的发言和煽情的音乐，孩子和家长哭成一团，场面颇为感人。

　　我觉得这些都没有什么错，至少起到了提醒孩子注意别人的付出、意识到自己的幸运的作用，比完全不做感恩教育，还是要好一些。

　　但是，数落孩子，或者做几次感恩活动，真的就能培养出孩子的感恩之心吗？有些孩子可能真的会因此而受到触动，产生一些的感恩之心；大多数孩子可能依然故我；也可能有一小部分孩子，因此而产生负疚感，觉得自己成了家长的负担，让家长因为自己而过得更加不好。

　　过去十多年，我在学习积极心理学和从事心理学培训的过程中，读过、见过大量的感恩干预，我觉得很多都没有抓住要点，甚至走偏了。我认为，真正的感恩是建立在平等和尊重的基础上的一种美好的感情，不是苦情、不是索取、不是负疚。

一方面，如果总是强调家长最爱孩子、一切资源都给了孩子、含辛茹苦一切都是为孩子、为孩子甘心做一切，这可能反而会在无形中强化孩子的自我中心感。孩子可能会想："如果没有我，家长就不能活；但凡家里有一点好吃的、好用的，全家都舍不得吃舍不得用，要首先留给我；如果家里所有的钱、所有的资源都优先给我，向我倾斜……那么，我不就是中心、不就是最有特权的人吗？"

所以，不当的感恩教育，可能反而会强化孩子的自我中心感和自私心理。

另一方面，如果过分强调家长为孩子所付出的辛苦、奉献和牺牲，不领情的孩子可能会反感："我又没让你这么做，是你自己要做的，现在反而好像是我欠你似的！"孩子觉得自己被动地被置于一个亏欠了别人的位置上、有被讨要感，因而产生压力，甚至反感。

另外，与此相反，也有一些特别懂事的孩子，能深深地感受到家长对自己的辛苦和付出，甚至因此产生负疚感："都是我拖累了爸爸、妈妈！如果没有我，他们会过得更好！"比如，我见过一个案例，妈妈离婚后十多年没有再婚，甚至没有认真谈过恋爱，在孩子成长的过程中，妈妈无数次地说过，为了女儿不受委屈，她什么辛苦和牺牲都可以付出，只要女儿成才就行。结果，她女儿在高中时抑郁了，因为她觉得妈妈为自己做出的牺牲太大了，自己无论学习多好、多懂事，都弥补不了妈妈。

　　由此可见，过度付出的家长让孩子感受到的可能不是或不仅仅是感恩，还可能是压力、反感或负疚和亏欠之情。

　　因此，我建议，如果要真正培养孩子的感恩之心，家长可以从以下几个方面着手。

　　（1）**让孩子感受到他是家庭的普通一员，不是超高待遇的小王子或小公主**。让孩子知道，他会得到一些特殊的待遇，那是因为他的年龄小，或者他是学生、有一些特殊的需求，而不是因为他的家庭地位比别人高、他比其他人更重要。

　　（2）**让孩子感受到他是被爱的，但他也需要爱别人**。作为家里的年幼者和学生，孩子有自己需要被照顾的地方，但是别的家庭成员也有其特殊性，比如，家长的忙碌和压力、老人的身体限制等，每个人也都有自己的特殊需求，孩子也要学会关注和满足别人的需求。

　　（3）**让孩子知道，在社会上，大家都是平等的，你不比别人有更多的特权，也不比别人有更少的权利**。具有平等意识的人都特别反感排队插队、开车插队及其他投机取巧的行为，他们说："为什么你认为自己要比别人优先呢？你比别人有更多的特权吗？"当你插队或投机取巧时，也就相应地侵犯了其他人的权利。这种平等意识很好，当孩子觉得自己该有的不应比别人多，也不应比别人少时，当他得到了额外的一份、当他受到了照顾、得到了关爱时，他就会自然地有"我很幸运"的感恩之心。

　　（4）**让孩子知道这个世界上还有很多没有他幸运的人，这样可以反衬他的幸运和责任**。比如，我担心儿子不知人间疾苦，因此从小就经常有意识地通过图片、视频、电影及真实生活场景等，让他知道这世界上还有很多穷人、辛苦劳作的人、生活在战乱和疾患中的人，以及不幸得了严重疾病的人。他生活得很幸福，并不是因为他做了什么而"赢得了"这份幸福，他只是生来就比较幸运而已，因此，他要珍惜这份幸运，甚至要做一些事去帮助那些不够幸运的人，从而让他配得上这份幸运。如果孩子真能够意识到这些，你不用刻意教他感恩，他也知道自己是多么幸运，并进而产生责任感和奉献之心。

（5）**鼓励并向孩子示范友善和尊重**。对劳动人民要有爱和尊重。不惧权贵、不欺贫弱。作为家长，不要因为自己是顾客就对服务人员颐指气使，也不要因为受到一点小委屈和亏欠就耿耿于怀。要向孩子示范善良和宽容，当家里来了"快递小哥"和"外卖小哥"时，我总是让儿子看着他们的眼睛，对他们说一声"谢谢"。感恩是美德的一部分，要培养孩子的感恩之心，先教孩子做一个好人。

【思考与练习】

感恩日记

你或你的孩子都可以写感恩日记，在日记里写出你们所感恩的事情，作为对生活中所有美好事物的提醒。

感恩日记可以按照你喜欢的模式写，既可以写成开放式的，也可以做成栏目式的（见表 8-1，第一栏是示例）。

表 8-1 感恩列表日志

时间	我很感恩
周 ×	1. 家人对我的爱 2. 我拥有很多人所没有的东西 3. 今天有一个陌生人路上向我友好地微笑 4. 奋斗的自己
周一	
周二	
周三	
周四	
周五	
周六	
周日	

感恩信

研究表明，向他人表达感激能够显著增强我们的幸福感，提升我们在他人内心的接受度，并强化我们的人际关系。

1. 请回想三个对你的生活有很大的积极影响、给过你帮助、你也非常感激的人。这些人可能是你的家庭成员、老师、同学、朋友、邻居，甚至陌生人。

2. 每周都选出一个人，给他写一封信，详细地描述让你感触的事件：发生在什么时间、什么地点、你受到了什么帮助，重点在于表达对方是怎么帮助你渡过难关的，你的切身感受如何，以及这件事给你带来了哪些积极的影响等。

3. 给对方发送邮件、微信或手机短信，告诉对方你很感谢他。感恩信不一定很长，关键是要有真情实感。

4. 也不一定要把感恩信发送出去，重要的是自己书写并且体会了感恩的过程。

感恩拜访

1. 请回想一个对你的生活有很大的积极影响、给过你帮助、你也非常感激的人。

2. 上门拜访对方，或者与对方约个时间在某个地方见面，一起聊天；当然，你也可以给对方打电话，表达自己的感激之情。

3. 在与对方的谈话中，详细地描述让你感触的事件：发生在什么时间、什么地点、你受到了什么帮助，重点在于表达对方是怎么帮助你渡过难关的，你的切身感受如何，以及这件事给你带来了哪些积极的影响等。

4. 如果可能，给对方带一件礼物，礼物不一定贵重，但要能表达你的心意，如一张卡片、一本书、一束花、一篮水果等。

感恩冥想

作为冥想的一种，感恩冥想也要遵循冥想的基本步骤，如静坐、集中意念、调整呼吸及思考某种内容，只是在感恩冥想时，冥想的内容与感恩有关。每次冥想的时间可长可短，从 1 分钟到半小时均可。建议分别做以下感恩冥想。

1. 感恩某个人。比如，要感谢父母的养育之恩，你可以在心里默默地想：感恩我的父母，他们把我带到这个世界上，爱我，并且辛辛苦苦地抚养我。

2. 感恩大自然。你可以在心里默默地想：感谢大自然，给我阳光雨露和空气，给我食物、饮水和美景，让我可以生活在这个美丽的世界上。

3. 感谢自己的身体。用身体扫描感恩法，可以从头到脚、从上到下依次用意念扫描，也可以从脚到头、从下至上依次进行，也可以根据不同的器官逐一进行。没有一定之规，根据自己习惯和喜欢的方式进行即可。比如，你可以在心里默默地想：感恩我的心脏，从我还是一个胚胎起，你就每天不辞辛苦地搏动，把血液送至我的全身，给我生命、给我力量，就是我睡觉时你也不会休息。辛苦了，我的心脏，感谢你！
   感恩我的大脑……
   感恩我的眼睛……
   感恩我的手……
   感恩我的脚……

感恩行动

你或者你的孩子做一件事或几件事，通过具体的行动，表达对曾经关心、爱护和帮助过你的人的感恩之情，比如：

1. 把好吃的、好用的、好玩的，让他人先享用；

2. 在节假日或对方的生日，精心为要感激的人制作一张祝福卡片，写上自己的感激、爱和祝福的话语；

3. 留心观察他人的需求，做一件或大或小的事，满足对方的愿望。

鼓励孩子的亲社会行为

利他主义也与成年人和儿童的韧性有关。心理学家斯陶伯（Staub）和沃尔哈特（Vollhart）进行了案例研究和定性研究，研究发现，个人的受害和苦难会孕育亲社会行为，最终促进创伤的恢复、创伤后的成长和韧性，并且创伤后干预可能会促进"因苦难而生的利他主义"。这种情况普遍存在。比如，汶川大地震后，失去孩子的母亲痛不欲生，但在帮助其他家庭的孤儿时，她体会到了自己的价值感，创伤得到了一定的修复，并产生了强大的心理韧性。一项对希腊 232 名小学生的研究表明，较高的利他主义导致较低的课堂竞争力，并与较高的同理心和韧性相关。

众多的心理学研究显示，亲社会行为能非常有效地提升人的快乐和幸福感。为他人提供帮助之所以能提升我们的幸福感，是因为做好事改写了我们心中的自我形象，让我们感到自己是友善、慷慨、乐于助人和有能力的。如果在行善的过程中我们发挥了自己特有的长处和才能，我们还会从中看到自己的新形象，从而让自己感觉更加自信和良好。此外，在做出善举的过程中，我们的人际关系往往也会变得更加紧密，从而让我们感受到人际间的温暖。

以下是一些培养孩子助人之心和善意之行的方法。

☆ 日行一善。每周做七件好事，并且尽可能多地变换做好事的方式。我们可以每天做一件好事，也可以选择一周中的某一天或两天，把本周的几件好事都做完。这些好事可以是为一个人做的，也可以是为很多人做的；可以是熟悉的家人和朋友，也可以是陌生人，比如，帮助同学解答家庭作业中不会的题、帮助父母做家务、拜访年长的亲戚、给朋友写一封感谢信、在街上帮助行动不便的老人拎东西，甚至仅仅是对人微笑等。好事无论大小都有意义，每个人都有能力做。

☆ 写善行日记。在做完好事的当天，在日记里记下这些行动的细节。请准确地描述你做了些什么、谁从你的善意举动中受益，并且记下对方的反应。此外，在日记里也记录下你在做每件好事之前、期间和之后的感受。

☆ 把钱用在亲社会的善行上。研究发现，把钱花在我们所爱和关心的人身上，或者用在陌生人身上，能够让自己感觉良好，幸福感得到提升。因此，不要仅仅将钱花在享乐和奢侈品上，不妨考虑将一些可支配的钱花在别人身上，钱多钱少都没有关系，心意最重要。

☆ 用心培育友谊。快乐的人通常至少有几个真正的好朋友。像任何良好的关系一样，友谊需要付出时间和努力去创造和维护。以下几种方法可以帮助孩子培养和巩固友谊。

（1）为朋友付出时间并对他们的需求给予热情的关心。和朋友在一起的时候，请注意倾听他们所说的话，用心体会他们所要表达的想法、情绪和心愿。

（2）坦诚地、开诚布公地与朋友交流。当你坦诚相待时，对朋友发出的信号是：你信任他。理解他人和被人理解都会使人感觉美好。当然，让他人进入自己的生活和内心，不是一件很容易的事，可以随着彼此友谊的发展，慢慢地敞开自己的内心。

（3）想交个好朋友，自己先做个好朋友。要想赢得友谊，就要让自己在朋友关系中变得更积极、更体贴、更忠诚、更乐于助人。尽量让你的朋友知道，在你的生命中，因为拥有他们的友情，你感到满足而感恩。

教孩子具体的人际技巧

今年春假期间，连续几天早上，儿子一见到我，就跟我提要求："妈妈，我想买一套架子鼓！""妈妈，我们学校发来两封信，需要你回复。"或者"妈妈我需要你帮忙！"……第一天我不以为意，第二天我略有不快，第三天当他又和我提出要求的时候，我把手上正在做的早餐停下来，拉着他坐到了桌边。

我和他说："你为什么一大早见到妈妈，连招呼也不打一个，直接就对我提要求？而且连续几天都是这样，早晨第一件事就是提要求，这让我感觉不太愉快。你见到我不先打招呼，让我觉得你不是很有礼貌；你张嘴就提要求，让我觉得好像我欠你似的。"

儿子说："我早上不打招呼确实是不对。但是我急着和你提要求，是因为你太忙了。我觉得要不在你还有注意力的时候和你提出来，我怕你没时间听，或者忘记。"

我说："你这样说，我可以理解为什么你总是一大早就和我提要求。但是这里有一个重要的社交原则你得注意。"

"中国人总是说，好的关系，要能同甘共苦。确实是这样，无论是家人还是朋友，紧密的关系，需要能够彼此分担痛苦。分担痛苦，也会强化关系。但是，如果你与他人交往的时候，总是分担痛苦，或者提要求，你想事情会发展成什么样？第一次，你诉苦或提要求，我会同情你、帮助你；第二次，你见到我，又是诉苦或提要求，我依然会安慰你、满足你；第三次，你见到我又是如此，不是诉苦就是提要求，我依然要付出心理能量来帮助你……这样的次数多了，你这个人就跟'问题'建立起了连接，你的出现，对我来说就是压力的信号，见到你我就知道我需要付出能量来应对，所以我看见你就会感到头疼。"

"这就是为什么积极心理学说，要建立积极的关系，要多和人分享好消息。我们不仅要与人'共苦'，更要与人'同甘'。不是不能说坏事或提要求，但不能总是分享坏消息或给人带来压力。分享好消息，更能加强人们之间的关系。试想，如果你早晨见到我，第一件事就是问：'妈妈，你昨天睡得好吗？'我听了很开心。明天早上你见到我，第一句话就是：'妈妈，我昨天晚上做了一个很好玩的梦！'后天早上你见到我，就开心地给了我一个拥抱……这样几天之后，你这个人就和'令人愉快'建立起了联系，所以我每次见到你我就开心，没见到你的时候，我会盼着见到你。"

儿子听了我的这番话，点头说："嗯，妈妈，确实有道理。这真是一个挺重要的社交技能，以前我没有想到这一点。以后我再有什么要求的时候，我会先给你一个拥抱，然后再提出来。"说完，儿子狡黠地笑了。

次日早上，儿子确实记得我们前一天的谈话，因此一见面就先问候了我，也没有提要求。我看他情绪也挺好的，于是一边吃早饭，我一边又给他讲社交技能，就是当一个人给另一个人分享了好消息之后，听消息的人的回应方式，这对维护他们之间的关系也非常重要。

我在一张纸上画了两条线，两个维度：一条线的两端分别是主动和被动，另一条线的两端分别是积极和消极。

我对儿子说："主动就是热情地介入、愿意与对方交谈，被动就是冷淡、不愿意与对方交流；积极是指说出的内容是正面的，消极是指说出的内容是负面的。这两个维度就构成了四个象限。"（见图 8-1）

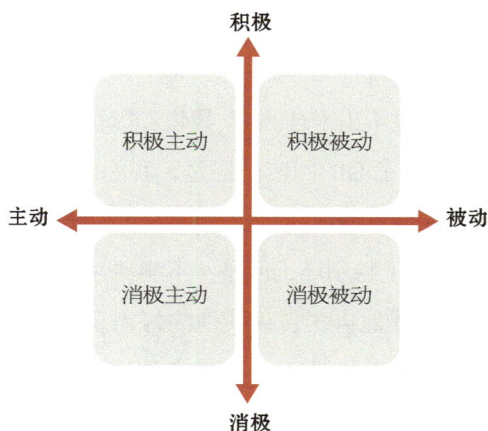

图 8-1　交流时的四个象限

资料来源：Lambert et al., 2003。

在纸上画出四个象限之后，我让儿子和我说一个他的好消息。儿子说："妈妈，我今天又学会了一首新曲子。"然后，我就分别给了他四种回应。

第一个回应是："哎哟，太好了！你是怎么学会的？在 Youtube 上自学的？你这样几天学一首新曲子，很快就能演奏很多音乐了！而且学音乐是多健康的爱好呀！高兴的时候可以沉浸在音乐中，伤心的时候可以用音乐来调整心情。爱音乐的人，不需要通过抽烟、喝酒来宣泄情绪或麻醉自己。再说，你弹琴，我听着也开心！"我一边面带微笑地说着，一边拍儿子的肩膀。然后我问他："我刚才的回应属于哪一种回应？"在我的启发下，他说这属于"**积极主动式的回应**"。

然后，我让他把他的好消息再告诉我一遍。这一次我淡淡地给了他一个回应,说:"你又学了一首曲子,那挺好的。"然后,我问他:"听到我的回应,你的感觉怎么样?"他说:"这听起来让我不太舒服,但我又说不出来什么。"我说:"对,因为我说了'挺好的',这还算是一个正面的回应。但是,我的整个态度是对你的事不感兴趣,所以你会觉得很扫兴。这种回应就叫'**积极被动式的回应**'。这种回应说不上特别坏,但是并不能加强我们之间的关系。"

接下来,我又让他再次告诉我他的好消息。他说:"妈妈,我今天学会了弹一首新乐曲。"我立即皱着眉说:"整天弹什么弹?马上就要上 12 年级了,还不抓紧考 SAT?你将来又不上音乐学院,一天到晚把音乐上的十八般武艺弄来弄去的,完全就是耽误时间。学习的正事不抓紧,玩的事特上心!"

当我说到这里的时候,他的脸色已经阴沉下来了。我问他:"你现在感觉如何?"他说:"我想和你吵架,或者再也不想和你说话了!"我问他:"你觉得这属于哪一种回应?"他在我画的纸上看了一下说:"这个应该属于**消极主动式的回应**。"我说:"对,消极主动式的回应很容易产生对立和冲突,也非常伤感情。"

最后,我们又练了第四种回应。这一次,当他告诉我他学会了一首新乐曲时,我捶着自己的腿,头都没抬,自言自语地说:"最近好像要变天了,腿又开始疼了。"显然,这属于**消极被动式的回应**。我问他:"当你听到这种回应、看到我这样反应的时候,你的感觉是什么?"他说:"我觉得你对我的事一点都不关心。我以后再也不想和你说我的事了!"我说:"对,消极被动式的回应会扩大人们之间的距离,让关系变得冷淡。当有人想与家人分享一点好消息时,如果别人给他一张冷漠脸,长此以往,这个家就变得像冰窖一样了。"

最后，我和他说，只有积极主动式的回应有助于建立好的关系，所以你以后与老师、同学、朋友相处，要注意多和人分享好消息；如果别人和你分享了好消息，你要给予积极主动式的回应。当你分享好消息，而别人给了你不太积极主动的那三种回应的时候，你也不要在情绪上太受影响，因为大多数人就和你前几天一样，没有恶意，只是没有注意到这些社交技巧而已。

上面我描述的，是我们家一个真实的例子。我与儿子之间经常有这样的谈话。当生活中出现自然的教育契机时，我往往都会把我知道的东西或是讲课的内容讲给他听，还经常是边讲边写写画画，或者是与他一起做角色扮演。我觉得孩子的人生技能就是要家长这样一点一点教的。孩子其实是希望自己了解更多、做得更好的。如果你与孩子谈话的时候，给他的感觉是，你不是在批评他、责备他，也不是在自以为是地说教，而是诚心诚意地与他分享一种好方法，孩子是愿意学的。

以下是一些儿童与青少年必备的社会技能，我希望儿子在高中毕业前，能基本掌握这些技能。

（1）学业相关技能，包括会倾听与提问、能遵守规则、避免分心、不丢三落四等。

（2）友谊相关技能，包括能融入伙伴群体、能一起玩、会分享、会道歉等。

（3）情绪相关技能，包括能认识与表达自己的情绪、能了解与调节他人的情绪等。

（4）替代攻击技能，包括会协商、能承担后果、避免惹麻烦等。

（5）压力应对技能，包括能调整害羞情绪、能应对失败、学会说不等。

（6）初级社交技能，包括能开启交谈、恰当地介绍自己、适当地赞美别人等。

（7）高级社交技能，包括能遵守规矩、会寻求帮助、能说服他人，以及掌握适当的肢体语言等。

（8）解决问题技能，包括能找出社会问题的原因、制定解决问题的方案、安排事情的轻重缓急等。

对上述社会技能，我们是按照学前、小学和中学三个年龄阶段，由易到难、循序渐进地培养，每一种能力都可以被分解为具体的行动步骤。

在具体教孩子这些情绪和社会能力的时候，我的做法是，越是年龄小的孩子，越不要通过说教，而要通过游戏、示范、角色扮演、即时反馈等具体而有趣的方式进行。

【思考与练习】

积极主动式回应

以下是你本周的练习：当你所关心的人告诉你他们身上发生的好事时，你要认真倾听，用积极的、主动的方式来回应他们。让他们与你重温事件，重温的时间越长越好。请写下别人分享的事件、你的回应及别人对你回应的反应（见表 8-2）。

你也要注意与别人分享你的好事，并注意他们的反应。请写下你分享的好事、别人的回应及你对别人回应的感受（见表 8-3）。

表 8-2 别人与我分享好事时

别人分享的事件	我的回应	别人对我回应的反应

表 8-3 我与别人分享好事时

我分享的事件	别人的回应	我对别人回应的反应

（续表）

我分享的事件	别人的回应	我对别人回应的反应

第 9 章

管理压力，
达致平衡

早年经历塑造身心

关于早期的风险性因素对人的身心健康和韧性的影响，美国所做的关于童年期不良经历（Adverse Childhood Experience，ACE）的研究非常发人深省。

1995—1997 年，美国疾病控制中心与大型卫生保健机构恺撒（Kaiser Permanent）联合进行了一项研究。在加利福尼亚州，他们向在恺撒做体检的患者发放了一份问卷，包括他们的童年经历及当前的健康状况和行为。共有 1.7 万名患者完成了调查，这些人平均年龄为 57 岁，总体上属于中产阶级，其中 75% 为白人、75% 上过大学。

人们需要从十种童年期不良经历中选择自己曾有过的经历，包括身体与性虐待、生理与心理上的冷落，以及其他非正常家庭情况，如父母离异、单亲家庭或家庭成员吸食违禁品、入狱、患有精神病等情况。专家们根据被调查者负面经历的数量打分，每经历过一种严重的童年不良经历，便得 1 分。研究者发现，2/3 的被调查者至少经历过一种，1/8 的调查者经历过四种或更多童年不良经历（ACE）。

此后，专家们将被调查者的 ACE 得分与他们的医疗资料进行了对比。结果发现，童年期不良经历与成年后的身心健康及行为问题之间的相关性非常显著，这让专家们非常震惊。

这种相关性以一种近乎完美的线性关系呈现：ACE 得分越高，患慢性疾病的可能性就越大，而且程度越严重。与没有任何童年不良经历的人相比，至少经历过 4 种不良经历的人，其吸烟的可能性高 1 倍、酗酒的可能性高 7 倍、15 岁之前发生性行为的可能性高 7 倍。此外，后者罹患癌症、心脏病和肝脏疾病的概率比前者高 1 倍，患肺气肿和慢性支气管炎的概率比前者高 4 倍。经历过 5 种不良经历的人，吸食违禁品行为的可能性是没有不良经历者的 46 倍。经历过至少 6 种不良经历的人，自杀的可能性则为没有不良经历者的 30 倍。

在另一项研究中，美国西北大学的学者们对芝加哥库克郡少年临时拘留中心的 1 000 多名青少年进行了研究。结果发现，84% 的被研究者至少有过 2 种童年期不良经历，大多数人经历过 6 种以上。2/3 的男性有一种以上的神经错乱症状。这些被拘留少年的学习成绩（标准化词汇考试）处于美国同龄人最末端的 5%。

过去 20 多年来，已有数千个关于童年期不良经历的研究，得出的结论基本相同：童年所遭受的伤害在很多孩子身上会潜伏下来，逐渐转化为不同的身心疾病。研究人员认为，**童年期不良经历**

给身体和心理健康及大脑发育带来危害的关键诱因是压力。压力损害了孩子神经系统的发育，并进而引发一系列的问题。

大脑中，受早期逆境影响最大的部位是前额叶，这里是负责认知和各种自我调节活动的中枢。因此，在过大的压力下长大的孩子往往不容易集中精力，不能自我调节，经常因负面情绪而感到心烦意乱，缺乏良好的执行功能，这显然会给他们的学习和发展带来负面影响。此外，压力对大脑前额叶造成的损害还会影响到情绪和人际能力，让孩子缺乏调节情绪、人际关系和行为的能力，并表现出各种形式的焦虑和抑郁。

同样是童年创伤导致了对孩子生理和心理的伤害，但在孩子身上的表现方式可能大相径庭。一种是"向内"，孩子在承受了压力后，会将这种压力隐藏在内心深处，表现为恐惧、悲伤、自卑、焦虑和抑郁等，是一种向内的自我破坏倾向，这往往会给孩子带来身体或心理上的疾病，甚至早亡。另一种则是"向外"，这些孩子把压力对外释放出来，表现为打架斗殴、叛逆违规违法犯罪等，是一种向外的自我破坏倾向，在给自己带来健康风险的同时，也导致对社会的破坏。

为什么我们会被压力压垮：压力的神经机制

无论是环境因素，如迫在眉睫的考试，还是心理因素，如担心被惩罚，压力都会在神经、内分泌和免疫系统等方面引发人们一系列的压力应对反应，从而产生一系列的生理和心理变化。

具体而言，当我们遇到压力时，大脑会感觉正在遭遇一种潜在的威胁，于是负责情绪的大脑杏仁核就会变得活跃起来，从而产生两种压力反应。

一种是快速和暂时的生理反应，触发"战斗或逃跑"的自主反应，这些反应让我们的心率增加，将血液传输到四肢，而暂时不用的消化系统等身体器官则受到抑制，这样可以将我们身体有限的资源集中起来处理威胁——能解决问题就正面战斗，解决不了问题就回避和逃跑。

另一种是较慢的反应。在触发战斗或逃跑反应的同时，杏仁核通过与下丘脑的连接，会在垂体和肾上腺中引发较慢的内分泌反应，最终释放出应激激素皮质醇。这种应激反应途径被称为"下丘脑 – 垂体 – 肾上腺轴"（Hypothalamic-Pituitary-Adrenal Axis，HPA）。通过增加血糖和抑制免疫系统，皮质醇进一步帮助我们的身体集中资源以应对威胁。

在进化中，上述两种压力应对系统的发展，是为了帮助机体应对环境中的急性威胁，例如，面临饥饿的野兽时要快速做出应激反应。在这些物理性的威胁中，人类通过打斗或逃跑等行动很快地就可以将这些压力激素代谢掉，从而让身体恢复平静。

与动物不同，由于人类有能力思考、回忆和想象存在于现在、过去和未来的威胁，尤其是那些社会性的压力，比如，对过去不愉快经历的回忆、马上面临考试、十天后要交房贷、十年后被同龄人甩在后面等，人类经常地、长期地激活这些压力反应系统，反过来导致这些系统所刺激的内脏器官（如心脏、消化系统、免疫系统等）的慢性磨损，从而导致炎症增加、心血管失调，出现并加剧心脏病、高血压和溃疡等健康问题。

压力激素的长期升高，也会对大脑造成严重破坏，包括海马体和前额皮质的神经损伤，以及杏仁核中细胞的异常生长。因此，如果一个人长期承受过度的压力，尤其是在大脑发育的早期——婴幼儿和童年时期，会给他们的神经系统、身体和心理带来多种长期的损害。

孩子遭受的童年不幸既是一种慢性压力，也往往是有不可预测性的。比如，当家庭持续性地贫困，经常发生争吵时，孩子就会长期地感受到这些压力；而家长如果不时地因心情不好而殴打孩子，孩子就会经常地处于紧张和恐惧状态。由于孩子本身很弱小，他们既无力抗争，也不能逃跑，只能默默地承受。在这种慢性、长期、持续的压力下，孩子稚嫩、尚在发育中的神经系统、免疫系统和内分泌系统就会长期被激活，没有足够的松弛时间，最终就像一根被拉得太久的橡皮筋一样，失去了弹性，甚至被崩断。

因此，确切地说，给身心造成损伤的并不是压力源本身，而是我们的身体和心理在压力面前所做出的反应。

让孩子体验适当的压力

看到这里，读者朋友们可能会产生疑问：既然童年期的负面经历对人的大脑发育、身体健康和心理健康都会产生负面影响，那么，为什么本书的第 2 章和第 5 章还强调要让孩子体会挫折、感受失败、经历一些负面事件呢？

这里先说结论：孩子既不能因压力过大而导致身心受创，也不能因压力过小而导致心理免疫力缺乏。最有助于孩子的身心健康和韧性发展的，是孩子能应对的"积极压力"。

压力是一种主观感受

我们感受到的压力，实际上是对威胁性事件和自己应对能力之间的一种评估。同样是考试，当我们复习充分、自信且应对有余时，就不会感觉有太大压力；反之，如果我们没有好好准备，自知应对能力不足，就会觉得压力很大。

压力并不总是坏事

在日常生活中，我们常听人说："人无压力轻飘飘"。是的，完全没有压力往往会让人懈怠，有一定的压力会让我们勤劳、努力、进取，正如古人所说的："生于忧患，死于安乐。"

不仅是我们良好的行为表现和成就需要一定的压力，甚至是我们大脑的变化和发展，也需要一定的压力来促成。

在我翻译的《坚韧：激情与毅力的力量》一书中，这本国际畅销书的作者，我在宾夕法尼亚大学的老师安杰拉·达克沃斯（Angela Duckworth）介绍了著名心理学家史蒂夫·迈尔（Steve Mayer）对神经科学的研究。

史蒂夫向安杰拉解释说，人的大脑中有很多部位在应对负面经历，如杏仁核等边缘系统。但是这些边缘系统受到前额叶皮层等高级脑区的调节。因此，当人在压力下产生强烈的压力反应时，人的想法会起到调节作用，比如，"我有办法解决这个问题！"或者"这件事并没有那么糟糕！"等等，然后大脑皮层里的那些抑制应激反应的机制就会被激活，于是人就不会产生强烈的身心反应。

研究发现，这一脑回路是有可塑性的。史蒂夫说："如果你在年轻的时候经历了逆境，一些很强的负面事件，但你克服了它，你就发展出了一种不同的方式来应对此后的逆境。重要的是，逆境是要相当强的。因为这些脑区需要以某种方式连接在一起，生活中一些小小的不便并不会让这种大脑联结发生……只是告诉某人，他们可以克服逆境是不够的。要让大脑出现新的联结，你必须在激活那些应激区域的同时，激活那些控制回路。当你经历逆境同时又体验到掌控感时，大脑的改变就发生了。"

大脑必须要有足够强和持久的刺激，才能建立起新的神经联结，这也是为什么在本书的第 2 章里，我强调要经历一定的挫折，孩子才能建立心理免疫力。因为只有反复经历比较强的压力，与此同时体验到解决问题的掌控感，孩子的大脑才能建立起有效应对压力的神经联结。

压力过大或过小都不利，适度的压力最好

但是，本章开头介绍的关于童年期不良经历的研究又告诉我们，过于强大的负面压力，会损伤孩子的神经系统、内分泌、免疫、心血管系统等，给身体和心理健康都带来巨大的影响。由此可见，压力也不能太大。

儿童的负面压力不只来源于传统意义上的不良经历，而且现在有很多家庭健全、生活条件好的孩子，其大脑和其他身心系统会因为学习压力过大而被损伤，造成身心崩溃。

图 9-1 是著名的压力曲线。从图中我们可以看到，压力水平与绩效之间的关系呈倒 U 形。当压力水平过低和过高时，绩效表现都不好，只有压力适当的时候，绩效才最高。

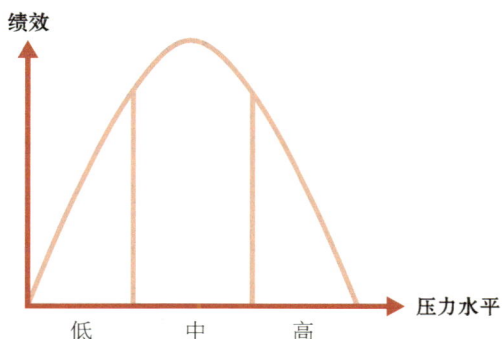

图 9-1 压力曲线

不仅仅是绩效，人的整个身心健康与压力的关系都呈倒 U 形。压力过小，人不会产生积极的变化；压力过大，人可能会身心崩溃，只有适当的压力，才能让人培养出韧性。

那么，什么是"适当的压力"呢？简单地说，就是对人构成挑战，但人经过努力又能够应对的压力。

用教育心理学中常见的一个说法就是：**难度要让孩子"跳一跳，够得着"**；用韧性心理学的说法则是：当暴露于可管理的压力源，让人处于可控的应激状态，会产生"增韧"的效果。

人生一世，我们都在弹奏自己生命的乐章。人生的琴弦不能太松，也不能太紧。太松的人生没有动力、缺乏进取、自由散漫、一片混乱，就像一根松松垮垮的琴弦，弹不出像样的曲子；太紧的人

生则会紧绷到极限，让人紧张、惶恐、焦虑，就像一根绷得太紧的
琴弦，弹出的音乐走调，稍不小心就会把琴弦绷断。

我认为，在对孩子的养育和心理辅导中，没有一个模式适合所
有人。对那些过于懒惰散漫，或者是过于随意、缺乏规则的孩子来
说，我们要帮他们"紧一紧"；而对过分好强、压力过大，或者过
于刻板、缺乏灵活性的孩子来说，我们则要帮他们"松一松"。

对韧性的培养也不是一种模式。对于那些被忽视和被虐待的孩
子，我们一定要加强保护、减少压力和创伤，同时主动教孩子各种
应对技能，确保孩子所承受的压力不要超出他们的应对能力；而对
于娇生惯养、过度保护的孩子，则要有意地让他们经受挫折，体会
失败，主动给他们"接种压力"，让他们逐步构建心理免疫力。如
此，才能帮助不同状况下的孩子增强心理韧性。

蒲公英儿童与兰花儿童

为什么生活在差不多的环境中，面临几乎同样的压力，一些孩
子能茁壮成长，而另一些孩子则会苦苦挣扎？

这是因为，孩子对压力的感受和反应有很大的个体差异。

美国加利福尼亚大学的心理学家托马斯·博伊斯（Thomas
Boyce）根据儿童对压力的不同反应，将孩子分为"蒲公英型"和
"兰花型"。

蒲公英儿童是神经类型平衡镇定且不容易受环境影响的孩子。
大多数孩子都属于蒲公英型，就像蒲公英几乎在任何环境中都能茁

壮成长一样，蒲公英型的孩子不挑环境，相当"皮实"，能够应对生活中的压力，在面对逆境时有韧性，能够克服困难并比较快速地恢复。

兰花儿童则是对环境高度敏感的儿童，少数孩子属于这种类型。就像兰花很娇嫩，需要大量的精心养育才能开花一样，兰花型的孩子对自己所处的环境会表现出极大的敏感性和易感性，对压力的生理反应也比较强，这使他们更难应对压力状况，如果外界的培养和自身的修炼不够，可能就会枯萎凋零，终生挣扎。

好消息是，兰花儿童的敏感，让他们不仅对负面的环境和压力反应很强，也对正面的环境和教育反应很强。也就是说，好的环境和教育对兰花儿童发挥的作用，可能比蒲公英儿童更明显。

蒲公英和兰花儿童并不是凭空设想出来的，博伊斯在长达 40 年的时间里研究人，尤其是儿童的压力反应，他发现，孩子在神经生物学层面上存在个体差异。

博伊斯设计了一系列的压力反应实验，结果发现，有 15%~20% 的儿童（兰花儿童）表现出更强的压力反应，他们的皮质醇（一种压力激素）水平更高、自主神经系统的战斗或逃跑反应更强。与此相反，蒲公英儿童对压力的反应很轻微。

那么，我们怎样判断自己的孩子是否是兰花儿童？

在行为上，兰花儿童具有高情绪反应的特征。在心理学中，这种气质类型被称为"神经质"。神经质是大五人格特质之一，是一种稳定的人格特征，高水平的神经质与对环境高度敏感之间存在很强的正相关。

你的孩子是否容易情绪激动？是否无论是对好事还是坏事，他的反应通常都比一般的孩子强？是否一个很小的挫折都会让他反应过度？是否遇到小小的不公就让他感到极度痛苦？或者，他是否在平凡的好事中表现出极大的快乐？在看到一本书或一部电影后感慨万千？如果你的回答都是"是"，你家可能就有一个兰花儿童。

如果你有一个兰花儿童，该怎么养育他们，怎么培养他的韧性呢？以下是几个建议。

☆ **为孩子提供支持性的家庭环境**。基因与环境的相互作用有助于我们理解为什么有些兰花儿童能茁壮成长，而其他孩子则出现了问题。兰花儿童比蒲公英儿童需要更细致的呵护，他们的需求要及时得到响应。对于兰花型的孩子，尽量不要让他们做留守儿童、从小全托，或者交给父母之外的其他人抚养。

☆ **为孩子选择可以因材施教的教育环境**。那种大型教室、学生很多的班级对兰花儿童不太有利。尽管他们做了很大的努力，但他们的高情绪反应可能会让他们因为有问题而被单独挑出来，有时他们还会被贴上娇气、敏感、固执、不听话等负面标签。因此，有条件的家庭最好把孩子送到比较小型的学校和班级，让孩子可以得到个别的照顾和因材施教的机会。

☆ **让孩子过有规律的生活**。博伊斯发现，兰花儿童似乎喜欢每天都在同一个地方、同一个时间和同一个（或群）人，做同样的事，他们喜欢每周、每月都要经历的某些仪式。

他说："这种日复一日、周复一周的例行公事和相同的生活，似乎对这些非常敏感的孩子很有帮助。"因此，在家里、幼儿园和学校，要建立有序和持续性的日常规则，从而让孩子有安全感，减少压力。

☆ **不要试图改变孩子，而要在鼓励成长的同时接受他们的敏感性**。由于兰花儿童的气质是先天性的，因此我们培养孩子的目标不应该是改变他们，而是帮助他们逐步建立更好的应对机制。比如，在孩子上新的幼儿园或学校之前，先让他们看看学校的照片、视频，或者带他们参观学校，也可以请已经在学校的小朋友给他们讲学校的规则；同样，在带孩子出门，或者家里有客人来访之前，要提前和孩子打招呼，并对可能出现的情况做出说明。这样"提前打预防针"的方式，有助于孩子对新情况不至于过分敏感，不至于因压倒性的压力而无法应对。

☆ **在保护和放手之间取得平衡**。对兰花儿童也不能一味地娇生惯养，也需要给他们机会，让他们经历困难和失败。只不过我们对兰花儿童要更加细致地观察，确保他们的压力处于可控的程度。博伊斯说：

兰花儿童的家长需要在两者之间平衡：一方面，不要将孩子推入会压倒他们并使他们非常害怕的环境；另一方面，也不要给他们过度的保护，以至于他们无法在那些可怕的情况下获得掌控的经验。

总之，就像兰花虽然娇贵，但掌握了适当的培育条件也可以枝繁叶茂一样，兰花儿童如果培养得当，也能茁壮成长，并有良好的韧性。

压力管理策略一：接纳积极压力

当代社会，似乎总让人压力很大，因此减压成了人们的要务。然而，有一个压力远超常人的部门却从不做减压训练，那就是特种部队。美国特种部队训练的理念是：你并不需要学习减压，压力就是工作的一部分，你只需要学习在压力下仍然能运转良好就足够了。与特种部队一样，运动员也不是通过避免压力来培养自己的能力的，他们通过训练积极地适应压力。

奇怪的是，当你努力面对和适应压力时，压力自然而然地就减少了。

美国哈佛大学做了一项研究。他们对 3 万名美国成年人进行了8 年的跟踪调查。他们首先询问被调查者去年经历了多少压力，然后问："你认为压力对你的健康有害吗？" 8 年后，他们统计这些人中有哪些人去世了。结果发现，在统计的前一年经历过很大压力的人，死亡风险增加了 43%。但是，这只适用于那些相信压力对健康有害的人。经历过很大压力却不认为压力有害的人，死亡的可能性并不大，事实上，他们的死亡风险比研究中的任何人都要低，包括那些压力相对较小的人。

在另一项实验中，研究人员设计了压力情境，这是社会心理学研究中典型的压力制造情境：让被试进入实验室，然后让其就自己的缺点进行 5 分钟的即兴演讲，被试的脸上被明亮的灯光和摄像机照着，台下坐着几位专家，他们不时地做出摇头、撇嘴和翻白眼等否定性的动作。

在实验的第二部分，研究人员让被试做一些很难的数学题，然后在紧张的考试期间不时地用"做错了""时间不够了"等话语来骚扰被试。这时，被试一般都会出现一些压力反应，如心跳加快、呼吸急促、汗流浃背等。

通常，人们都会将这些身体的变化解释为焦虑，或者自己无法很好地应对压力的表现。但是，人们也可以对此做出相反的解读，把这些生理现象解读为是身体充满活力的迹象，自己的身体正在积极地调节，准备帮助自己迎接这个挑战。结果发现，那些学会了将压力反应视为积极表现的被试，他们感受到的压力较小、焦虑较少、更加自信，尤其是，他们的心脏正常跳动、血管保持放松，生理上展示出的特征与人在快乐和勇敢时出现的身体特征一样。

由此可见，当人们认为他们的压力反应是有帮助的正面现象时，不仅他们的心态更积极，甚至他们的生理指标都更健康。因此，积极地看待压力对身心健康和韧性很重要。

【思考与练习】

我看压力

　　下次，当你面对压力、身体出现了应激反应时，请问自己以下几个问题；如果你的孩子遭遇压力并出现了应激反应，也请你与孩子一起讨论以下几个问题。

1. 我如何解释自己的身体反应？

2. 我有哪些应对这一压力的资源？

3. 我能从这一挑战中学到什么？

4. 从长期来看，压力对我的韧性有什么好处？

压力管理策略二：减少消极压力

　　要做好压力管理，我们首先应该建立平衡的生活，减少生活中不必要的障碍，或者是对于可能出现的问题，要做好预案和缓冲，而不要让自己处于猝不及防或压力爆棚的状态。多年前，我认识的一个人就特别有韧性，总能在问题和艰险中力挽狂澜。但时间长了我发现，他想问题一根筋、不能综合考虑多种选择、不能很好地平衡风险和收益，所以总是"捅娄子"、出现很多问题，然后再展现力量来解决问题。我曾半开玩笑地对他说："我发现你总在制造很多狂澜，然后再去力挽！"

　　当然，我们知道，在实际生活中，我们难以永远保持生活的平衡和宁静。一些重大的生活事件，如被人霸凌升学不利、失去亲人、分居离婚、罹患疾病或失去工作，通常都会给人带来压力和情绪波动。尽管有些人能很好地控制这些情绪，但对另一些人来说，这些变化会使其产生挫折感和沮丧感，从而可能导致恐慌或焦虑，甚至严重到让人遭受精神损伤。

　　一些压力管理方法可以提高人的韧性。这些方法包括有助于人整体健康的行为（例如，充足的睡眠和锻炼），以及一些你在压力大时可以采取的具体行动（例如，表达性写作和呼吸练习）。以下是压力管理方法的清单：

- 认知重构；
- 表达性写作；
- 有效沟通；
- 解决问题；
- 保持幽默感；
- 充足睡眠；
- 锻炼身体；

- 健康饮食；

- 学习生物反馈技术；

- 正念练习；

- 横隔膜呼吸练习；

- 渐进式肌肉放松。

压力给孩子带来的最直接的后果就是焦虑，以下是一些可以帮助孩子减少压力的方法。

☆ 坐下来与孩子一起讨论有关压力与焦虑的问题，例如，压力与焦虑都是正常的，并不少见和可怕。给孩子解释压力反应系统，说明它们是身体内置的保护我们免受危险的系统，并且与孩子一起观看一些与压力和身心健康有关的视频。

☆ 让孩子了解压力对提升表现和韧性的积极作用，也鼓励孩子在感到压力大到难以应对时，及时向家长求助。

☆ 教孩子学习一些调节和放松身心的技巧。

孩子可能无法立即摆脱压力带来的焦虑。当孩子的大脑认为他们处于可怕的境地时，身体会让他们做好准备来应对这种危险（例如，肌肉紧张、呼吸急促、心跳加快），即使并不存在实际上的危险。但是，一些方法可以帮助降低这些身体反应，并让孩子今后更容易控制它们。

与孩子一起坐下来，列出他们认为可以让他们放松的所有事情。例如，写作、绘画、唱歌、平静地呼吸、做瑜伽等伸展运动、听音乐、洗热水澡或淋浴、骑自行车、玩滑板、看电视等。如果孩子无法列出清单，你可以给孩子一些提示或建议。孩子列出清单后，你可以将该清单贴在孩子的房间，或写在卡片中放入书包。鼓励孩子在感到压力和焦虑时使用这些策略。

当孩子当下感到压力过大时，鼓励孩子尝试以下方法，看看哪些方法对他们最有帮助。

（1）放松练习：可以帮助孩子放松身体，有助于减少不必要的身体焦虑感。

（2）正念练习：帮助孩子学习以不同的方式来关注正在发生的事情：有目的地专注于当下，不带判断力，这可以帮助孩子摆脱对未来的担忧。

【思考与练习】

放松练习

这些练习旨在激活身体的放松反应，从而使身体平静并帮助安定心神。在教孩子这些方法时，要在不同的日子留出一点时间来尝试和练习不同的放松技巧。找一个不会打扰你和孩子的安静地方，一个温暖舒适的地方，如客厅或孩子的房间。

练习

1. 平静呼吸

这项技巧包括让孩子放慢呼吸。当我们感到有压力、焦虑时，我们通常会进行短促、快速、浅浅的呼吸，从而导致过度呼吸，也被称为换气过度。过度呼吸会增加与压力相关的身体症状，与此相反，平静的呼吸可以减少不必要的身体症状，并减少压力和焦虑感。

具体做法：

- 用鼻子缓慢地吸气 1、2、3、4；

- 保持 1、2；

- 用嘴慢慢呼气 1、2、3、4；

- 保持 1、2；

- 重复 5~10 次。

注意：当孩子难以忍受因压力或焦虑而产生的不想要的感觉、冲动、想法和感觉时，我们可以使用平静呼吸法。平静呼吸不是为了控制、消除或避免压力和焦虑，而是为了帮助孩子容忍与应对压力和焦虑。

变通方法：

- 在这个练习中，孩子可以在呼气时吹泡泡。对孩子来说，这是学习如何放慢呼吸的一种有趣的方法，因为他们必须呼吸得更慢、更深才能吹出好的气泡。

- 让孩子仰卧，在他们的肚子上放一个毛绒玩具。当孩子吸气和呼气时，毛绒玩具会随着他们的呼吸节奏上升和下降。

- 对于年龄较大的儿童或青少年，可以鼓励他们在吸气和呼气时使用不同的词，而不是数数。例如，吸气时使用"平静"一词，呼气时使用"放松"一词。

2. 收紧与放松

当我们感到压力时，会导致肌肉紧张、头痛、胃部收缩和心跳加快。长时间如此，你会觉得像刚刚跑完一场马拉松一样。先绷紧，然后放松身体的所有肌肉，你会感到身心都更加放松。

具体做法：

第 1 步：绷紧。一次专注于一个肌肉群（如你的双手），挤压这些肌肉（如握拳），直到你感到发热和发酸（约 5 秒）。

第 2 步：放松。随着张力的释放（约 10 秒），让肌肉变得松弛。想象一下肌肉就像皮筋一样，这会帮助年幼的孩子理解什么叫放松。用不同的肌肉群重复这些步骤。

快速紧张和放松。在孩子有时间练习本练习的完整版后，介绍快速紧张和放松策略。这种方法包括同时绷紧全身所有肌肉群（5 秒），然后全部放松（10 秒）。

3. 精神假期

花几分钟让孩子想象一些他们喜欢并且可以平静面对的事情，这可以帮助抚慰孩子，我们可以随时随地让孩子这样做。

具体做法：

让孩子闭上眼睛，想象自己在一个美好的地方。这个地方是他们感到舒适、安全和放松的地方。一些孩子想象自己坐在沙滩上或森林中的溪流旁，有孩子想象自己到了一个度假胜地，也有孩子想象自己就待在自己的卧室里。没有"正确"的地方，只要让孩子感到放松和安全即可，关键是让孩子通过使用他们所有的感官，完全沉浸在他们感到平静的地方。让孩子具体而细致地体味他们所看到的、听到的、闻到的、尝到的和触摸到的东西。在这个地方停留一两分钟后，慢慢地把他们的思绪带回来。

正念练习

正念意味着专注于当下。如果你完全专注于当下，往往能在很大程度上减少压力和焦虑。因为很多压力和焦虑来自于对过去和未来的担忧：陷入对未来的想象并专注于未来可能出错的一切，或者回到过去并回忆他们犯过的所有错误。而正念意味着以特定的方式关注；有目的地活在当下，不带评判。

向孩子解释正念的一种方法是使用玩沙子做例子。当你坐在海边的沙滩上时，你决定专注于搭城堡，而不是担心明天在学校会发生什么，或者还在想你刚刚和朋友吵架的事。你会感觉到温暖的沙子在你的皮肤上。你环顾四周，看到有的沙子干，有的沙子湿。你要把城堡搭在海水冲不到的地方……你所有的**感官都活跃起来，专注于当下**，这就是正念。相反，不在正念的状态下，你可能会一遍又一遍地担心下周的考试，或者回想过去一些不开心的事。你不会注意到温暖的沙子在你皮肤上的愉悦感觉，不会欣赏逐渐搭起的城堡，甚至可能会离开沙滩，却不太记得自己在海边的情况。

与孩子一起尝试下列的一个或全部练习。鼓励孩子每天练习其中一项，并在感到压力时使用它们，通过更加专注于当下来帮助孩子有一颗平静的心。

练习

1. 三感正念

一个简单的正念练习可以帮助孩子通过三种感官（听觉、视觉、触觉）来留意他们现在正在经历的事情。让孩子做几次缓慢的呼吸，然后问他们以下几个问题。

- 你能看到哪 5 样东西？
- 你能听到哪 5 种声音？
- 你能感觉到哪 5 样东西？

2. 身体扫描

让孩子闭上眼睛，像扫描机一样，逐一注意身体的不同部位，体会身体中存在的任何感觉，更充分地感受和把握当下。

3. 正念呼吸

让孩子闭上眼睛，放松身体，并将注意力放在他们的呼吸上。让孩子真正专注于他们的呼吸，直到他们的身体和心情都感到安定和放松。

4. 正念活动

帮助孩子在进行日常活动时保持专注：吃饭、洗澡、散步，甚至做家务。鼓励孩子在做事情时真正注意他们正在做的事情，而不要心不在焉或一心多用。例如，让孩子有意识地吃巧克力，让他们注意巧克力的外观及手触摸巧克力时的感觉，让他们慢慢地咀嚼，注意舌头的感觉和食物的味道。

5. 停止（STOP）计划

这种方法旨在帮助孩子放慢速度，识别和减少不必要的压力和焦虑。它还可以帮助孩子更专注地生活，专注于他们重视和旁观的事情。

停止（STOP）计划包括以下 4 个步骤：

S = 停下来！停止正在做的事情并注意压力或焦虑的存在。

T = 缓慢深呼吸或暂停片刻，以帮助降低压力或焦虑的强度。一边默默地数 1、2、3，一边用鼻子缓慢地深吸一口气，然后停顿并屏住呼吸，数 1、2、3。慢慢呼气时数 1、2、3，然后屏气暂停 1、2、3，然后重复这个过程 5 ~ 10 次。

O = 观察身体内部感觉如何，以及周围的世界正在发生什么。请留意你的身体如何因压力而感觉不舒服，知道你不必在这个忙碌的世界中焦虑到要崩溃。你可以暂停休息。

P = 当你从这个充满压力和焦虑的时刻暂停或后退时，做好计划。选择一项让你的生活充满意义或激情的活动，并将你的所有精力和注意力都集中在它上面。例如，看小说、听音乐、跳舞、遛狗、与朋友交谈、与家人共度时光等。

鼓励孩子在开始感到压力过大或不知所措时使用这种方法。

第 10 章

—

解决问题，
有效应对

—

对抗父母的孩子

在一次社交场合，朋友给我介绍了他的一位朋友。在聊天中，这位朋友听说我是学心理学的，其中部分工作是做儿童和青少年的教育和心理辅导，当即客气地表示他不太理解为什么一些家庭需要这样的辅导，因为他的儿子从小就聪明乖巧，让他特别省心地就长大了，现在 15 岁的儿子已经到国外上高中了，他的育儿任务很快就要完成了。

一年后，这位朋友的朋友找到我，说想和我聊一聊孩子的问题。见面后，他给我详细介绍了情况。原来，孩子到国外后，不知道该怎么选课，不会洗衣服、收拾东西，不会管理生活，也不擅长交朋友，所以日子很难过，经常打电话和父母抱怨。第一年，父母认为他的情况是刚出国不适应，于是父母耐心地倾听、劝解，也尽可能地给孩子一些建议。但是一年后，情况并没有实质性的改变，孩子还是有一大堆问题，几乎每天都要跟父母抱怨。终于父母有些不耐烦了，对孩子说："你也这么大了，现在你走这么远，我们也没有办法帮上你，你要自己想办法解决问题、克服困难，适应环境。"孩子见父母不理解自己，就态度很不好，说了一些难听的话，父母很生气，就把电话挂了。孩子见父母居然挂自己的电话，就又打过来，而且开始骂人。事业有成、个性强硬的父母哪里能受得了孩子骂父母？也反过来指责孩子，并且从此不再接孩子的电话。没想到，不久之后，孩子买了一张机票就回国了，一问之下才知道，原来他已经从国外退学了。

这个家庭从此就开始了孩子与父母的争斗。但这个父亲来找我的时候，他们的孩子已经发展到在家里打骂父母的程度了，孩子在新的学校一旦不顺心，就会对父母撒气，如果父母赶他走或父母实在受不了要离开家，他就威胁要自杀，或者动手在家里点火烧房子……硬是把一对在商界叱咤风云的夫妻搞得完全崩溃。

这个家庭的问题当然是多方面的，其中一个重要原因是，在孩子"乖巧地长大"的那前 15 年里，这对父母除了给孩子提供最好的生活条件之外，在教育上只是关心孩子的学习和才艺，在其他方面对孩子没有要求，也没有教过孩子任何技能，以至于孩子突然被送到国外后，缺乏生活、学习和人际技能，导致生活上一塌糊涂，学习上跟不上学校的节奏，也交不到朋友。由于又缺乏解决问题及调节情绪等方面的应对问题的技能，最后孩子出现了比较严重的自我否定和抑郁。当父母又"不理解"和"不帮忙"时，孩子的失落就转化为对父母的愤怒，将自己的失败的痛苦转化为对父母的折磨。

会解决问题的孩子，韧性强

韧性是在挫折和失败面前能够适应、恢复并成长的能力。如果孩子总是遇到挫折和失败，他们的韧性就总是要经受考验。虽然适当的挫折和失败对孩子韧性的形成和壮大是有益的，但如果过多地经历挫折和失败，孩子就可能会被负面事物压倒；即便是孩子没有被压倒，他们花了太多的时间和精力来应对这些挫折和失败，就少有时间和精力投入学习和成长，对孩子自尊心和自信心的形成也是不利的。这就好像适当地接触细菌和病毒能够帮助孩子建立免疫力，但如果总是让孩子处在一个四处堆满垃圾的环境中，吃不卫生的东西，孩子要么会健康受损，要么会长期处在与细菌病毒做斗争的状态，很少有健康蓬勃的状态，这显然对孩子的身心健康和成长是不利的。

有一类孩子经常处于与挫折和失败反复打交道的状态，那就是问题解决和应对技能不足的孩子。良好的解决问题的能力是帮助孩子管理生活、在各种要求和挑战面前表现出韧性的关键。

2010 年发表在《行为研究与治疗》（*Behavior Research and Therapy*）上的一项研究发现，缺乏解决问题的能力的孩子患抑郁症和自杀的风险更高。此外，研究人员发现，教孩子解决问题的能力可以改善孩子的心理健康。

解决问题的技能之所以对培养韧性很重要，是因为孩子每天都会面临各种各样的问题，从学习到活动到交友，各种问题实际上是对孩子的能力提出各种要求，一些缺乏解决问题的能力的孩子在面对问题时可能会逃避、退缩，或者是找借口，甚至以无能的表现来避免问题，而不是把精力放在解决问题上，这是一些孩子在学校学习落后或在人际关系方面有问题的原因。

还有一些缺乏解决问题的能力的孩子会在没有清醒地意识到自己所做选择的情况下随意采取行动。比如，一个孩子可能会推搡一个在他们面前插队的同学，因为他不知道还有什么其他方法可以不让人插队；或者，当他被取笑时，他可能会郁闷地离开学校并且厌学，因为他想不出任何其他方法来解决困扰自己的问题。从长远来看，这些冲动的或消极被动的行为可能会造成更大的问题，本章开头介绍的那个留学生就是如此。

相反，有韧性的成年人或孩子往往具备有效和高效地解决问题的能力，他们能够了解情况，确定问题之所在，创建最佳的解决方案，并且有效地实施方案。他们不太可能误判情况，往往能够找出真正的问题，从而对问题给出正确的解决之道。

好消息是，解决问题的能力是可以教的。家长和老师可以在孩子学龄前就开始教他们基本的解决问题的技能，并帮助孩子在小学至高中期间逐步提高他们解决问题的技能，直至孩子有能力独立走上社会。

三种应对问题的方式

心理学认为，人主要有三种应对问题的方式：问题导向型应对、情绪导向型应对及回避型应对。

1. **问题导向型应对**，旨在解决与压力源直接相关的问题。正视问题，主动解决问题，减少压力源，这通常是减少压力的最有效途径。比如，孩子因为英语成绩不好而自卑，因为同学嘲笑自己的发音而不愿意发言。解决问题的办法是，面对自己英语没有学好的事实，通过多花时间，以及向老师请教学习方法等办法，提高自己的英语能力和成绩，于是就不再因为英语不好而自卑或不敢发言了。

2. 情绪导向型应对，旨在减轻来自压力源的负面情绪。在无法改变问题的时候，情绪调节是一种看似被动但潜在有效的方式，比如，感恩、幽默、写日记、冥想、深呼吸、与宠物玩耍、在大自然中度过时光等，所有这些都是以情绪为中心的应对方法，可以降低我们的压力皮质醇水平并提升我们的幸福感。

3. 回避型应对，试图避免压力源，而不是直接面对它。最典型的是，通过抽烟、酗酒甚至吸食违禁品来减轻压力。对孩子来说，玩游戏是一种常见的回避型应对。这种方式可以快速减少压力，但问题往往还在，甚至回避行为本身成了新的压力源，让问题变得更加严重。

通常，人们认为，问题导向型和情绪导向型的应对是积极应对，而回避型则是消极应对。很多心理学的书籍和文章都是这样写的，很多专家也都是这样教别人的。

对此，我有不同的意见。我认为，这三种应对都有可能是积极的和消极的，这主要取决于具体的情境，以及具体的应对策略所产生的结果是否是适应性和建设性的。

首先，回避型应对未必就完全是消极的，如果回避的是负面因素，而回避行为本身不是酗酒、吸食违禁品等负面行为，回避也可能是一种有效的应对策略。比如，有研究显示，在非常差的环境中，居住在犯罪率高的环境中，那些能够一直尽量远离或回避违禁品等负面因素的孩子，不仅更少出现心理和行为问题，而且更能够超越自己的环境，发展出心理韧性。

其次，有一种与回避很相近的应对——分心，其实就是一种在很多时候都很有效的应对策略。比如，我们都知道，对年幼的孩子来说，当他们遇到不开心的事、情绪很沮丧时，让他们直接去解决问题，或者教他们调节情绪，不是来不及就是做不到，甚至他们也理解不了。这时最有效的应对方法就是让他们分心，也就是把注意力从当前的事情转移到无关的事情上，比如，当孩子因为小朋友抢了他的玩具而哭闹时，你说："你看，天上有大飞机飞过来了！"当孩子好奇地观看飞机时，就自动停止了哭闹，甚至忘记了被抢玩具的事。

严格地说，分心和回避是有区别的。回避是指长期地不面对造成我们困扰的事，不积极地去解决问题。我们直觉性地避免去想和面对那些让我们痛苦的事情，希望把它们彻底埋藏起来忘掉，或者希望它们根本就没有发生。不幸的是，这些被压抑的想法和感觉往往在此后会重新回到我们的意识或无意识中，并继续给我们带来痛苦。

而分心则是暂时阻止某个人完全陷于某件事情之中，暂时把注意力转移出来。在一定的时间内，分心可能是在压力下应对困难的想法、感受或行为的有效方法。这是因为，当一个人的压力水平非常高时，大脑的前额叶会受到抑制，这时立即做出的决定或行动都可能是冲动性的。这时如果把注意力暂时转移到其他事情上，等理智和情绪都恢复之后再处理问题则会好得多。我的看法是，如果一直分心就变成了回避，但是在一定的时间内分心则是有效的应对方法，因为它可以让我们的身体从应激状态下恢复，让我们平复情绪、恢复理智。

有很多种方法可以让人暂时分心以降低压力水平，包括读书、听音乐、看电视、玩游戏、散步、运动、洗澡或淋浴、与朋友交谈等。此前说过，当有事情让我心里特别难受时，最有效的分心方法就是读一本激动人心的书或看一部励志的电影。读书或看电影之后，我的情绪已然改变，回头再看当下遇到的问题，可能会觉得这些问题根本就不算什么。在第 7 章里我提到过，当儿子因生病而出现情绪困扰时，他觉得最有效的方法也是分心（采取相反的行动）。不过，在做了让你分散注意力并降低压力水平的事情之后，重要的是要重新回到需要解决的问题中，以更有效的方法来处理它。比如，在孩子因为抬头看飞机而不再哭闹后，再教他如何处理小朋友抢玩具的事。因此，回避和分心之间的主要区别，一是在于时间，二是在于你的意图：如果你打算一直当鸵鸟，对这个问题始终置之不理，那就是回避；而如果你打算暂时分散一下注意力，在身心平复之后再处理这个问题，那就是分心。

在应对方式上，人们容易陷入以下几个误区：

（1）**当需要情绪型或回避型应对时，执着地用问题导向型应对**。比如，很多夫妻关系之所以产生裂痕，甚至离婚，是因为双方都执着地要证明自己是对的，对方是错的，坚持要求对方做人做事一定要按照自己的方式。实际上，每个人都有自己看问题和做事的角度，正所谓"公说公有理，婆说婆有理"，在每一对争执或离婚的夫妻那里，哪怕是对同一件事，他们都会得到一个差异巨大的

"男方版本"和"女方版本"。但是，很多人依然执着地要解决问题，甚至在离婚之后还要让孩子站队，或者阻止孩子跟对方见面，这不仅解决不了问题，还会给孩子带来很多伤害。实际上，这时要做的是调整自己的情绪（无论是否喜欢，接纳对方就是那样一个人），或者是回避（一别两宽，各生欢喜）。

（2）**当需要问题导向型应对时，采用情绪型或回避型应对**。比如，有些孩子有严重的网瘾，无论家长怎么劝说、监督，甚至打骂都无济于事。深挖下去，你会发现是一些具体的问题在困扰他们，如学习成绩差、人际关系不好等，这导致他们在学校有很大的压力，自卑、焦虑，并进而厌学。而孩子没有做出足够的努力，或者没有掌握良好的方法来提高学习成绩或改善人际关系，因此，当他们心里难受时，就通过沉浸在游戏中来逃避困扰的问题，舒缓焦虑、抑郁的情绪，并从虚拟世界中获得在现实生活中难以得到的乐趣和价值感。对这些孩子来说，在游戏中去调整情绪或回避问题都没有从根本上解决他们的问题，反而导致网瘾成了一个新的问题。只有正视在学习或人际关系等方面的问题，找到方法来提升相应的能力，让他们获得自尊和自信，并且在现实生活中发展出更加健康的爱好和追求，才能从根本上减轻孩子对网络游戏的依赖。

（3）**当需要解决问题或调整情绪时，采取回避型应对**。不好的事情往往也会让我们感觉不好。如果我们没有勇气面对不好的事情，不能承受当下不愉悦的感觉，可能会导致坏事像滚雪球一样越滚越大，越来越难以承受负面情绪，最后导致自己的生活也一塌糊涂。

我认识一位女士，因为一段时间收入较低，而在信用卡还借贷等方面有困难。最开始，她只是偶尔错过一个账单，然后会收到利息或罚款。因为比原本需要付的钱更多，她心中不快，就拖着不付，结果之后就收到了更多的利息和罚款。账单越来越大，每次看到账单都让她头疼不已、压力巨大，于是她干脆做鸵鸟，不看那些账单。但是账单并不会因此而自动消失，直到最后她不仅毁坏了自身的信用，而且被催还的债务弄得日夜不宁，身心俱疲。

因此，无论是一个让你头疼的账单、痛恨的工作、后悔的项目，还是受伤的关系……若要减少压力源，让自己在生活中轻装上阵，那就要在出现负面问题时，马上把问题解决掉；万一问题已经被搁置了下来，那么无论在心理上多么挣扎，你也要想办法及时止损，逃避只会让问题越来越严重，压力越来越大。

我认为，一些心理问题，在很大程度上与人们用错了应对方法有关。人在面对压力和困境的时候，出于生存的本能，总是会不自觉地采用一些应对策略。但如果应对方式是非建设性的，那么这就不仅没有解决问题，反而会导致更多、更大、更长久的问题。

因此，有效应对不仅是暂时让你感觉良好，让你在当下减轻了痛苦，而且从长远来看它是建设性的，能够从根本上有利于你的福祉。

那么，怎样才能知道自己的应对策略是否有建设性？建议大家问自己以下几个问题：

★ 这种做法会伤害我吗？

★ 它会不会伤害别人？

★ 我的应对策略从根本上说，是制造压力还是减轻压力？

☆ 这种方法给我带来的好处是暂时的还是长久的？

那么，究竟该在什么时候运用哪种应对方式？这既需要知识和经验，也需要智慧。

解决问题的步骤

感到不知所措或绝望的孩子通常不会积极主动地去解决问题。但是，当他们有一个明确的解决问题的公式时，他们就会对自己的尝试更有信心。以下是解决问题的六个步骤。

1. 说出问题

这实际上是一个目标设定练习。孩子有时候陷入困境中，感觉周围一团迷雾，因为他们没有厘清自己面对的究竟是什么问题。有时候，把问题说出来或写出来会很有帮助。家长应与孩子交谈，帮助孩子思考问题、澄清问题，并且用语言表达出来。对于年纪比较小的孩子，或者孩子没有厘清问题时，家长可以帮助孩子把问题说出来，例如："你遇到的问题是，放学后没人和你一起玩，对吗？""你现在的问题是，不确定是应该选舞蹈班还是唱歌班，对吧？"

2. 制定几种可能的解决方案

对可能解决问题的方法进行头脑风暴，至少列出 3~5 个解决方案。如果孩子难以提出想法，请帮助他们制定解决方案。即使是一个幼稚的方案或牵强的想法可能也是一个潜在的解决方案，关键是要帮助孩子看到，只要有一点创造力，他们就可以找到许多不同的解决问题的方法。

3. 探讨每种解决方案可能的后果

综合考虑所有解决方案的方方面面，帮助孩子依次分析每种解决方案潜在的正面结果和负面后果。

4. 选择一种解决方案

评估选项以决定将哪种方法应用于解决当下的问题。鼓励孩子不要优柔寡断，可以选择其中一种感受较好的解决方案。

5. 把方案分解成细节性的步骤

有时孩子即便有解决方案了，也难以执行，因为这个方案还不够具体。把这个方案分解成更小、更易于管理的部分，会有利于实施。

6. 测试方案

告诉孩子动手尝试选定的解决方案，看看会发生什么。如果它不起作用，总是可以从方案中再选一种解决方案进行尝试，直到问题最终得到解决。

美国的一位学校心理咨询师将解决问题的步骤简化为四步，并形象化为"STEP"（步骤，见图10-1）。

图 10-1　STEP 法

【思考与练习】

有步骤地解决问题

请让孩子（或与孩子一起）用 STEP 法来解决问题（见表 10-1 ）。

表 10-1　有步骤地解决问题

S 说出问题	T 想出方案	E 探讨可能的后果	P 选择方案
面临的问题是：	方案 1 的内容：	可能的后果是：	选择的方案是：
	方案 2 的内容：	可能的后果是：	
	方案 3 的内容：	可能的后果是：	
	方案 4 的内容：	可能的后果是：	
	方案 5 的内容：	可能的后果是：	

如何帮助孩子提升解决问题的能力

建议家长或老师运用以下方法，帮助孩子提升解决问题的能力。

☆ **出现问题时，不要急于为孩子解决问题。**

相反，帮助他们完成上述解决问题的步骤。在孩子需要帮助时你可以提供指导，但你要鼓励他们自己解决问题。如果孩子无法提出解决方案，你可以帮助他们想出一些解决方案，但不要直接告诉他们该做什么，比如，你可以坐下来对孩子说："你最近做作业总是拖到很晚，你能规划一下时间吗？"如果孩子说不能，你可以说："我们一起来想办法解决这个问题。"

☆ **使用解决问题的方法来帮助孩子变得更加独立。**

如果孩子上舞蹈课时多次忘记带自己的舞鞋，你可以问孩子："我们可以做些什么来保证这种情况不再发生？"让孩子自己找到一些解决方案。

如果你信任孩子，你就会发现孩子经常能想到一些创造性的解决方案。比如，他们可能会说："我会写一张便条贴在我房间的门上，这样我就会记得在出门前带鞋。"或者"我会在前一天晚上收拾好书包，我会列一份清单，提醒我包里该放什么东西。"

☆ **当孩子练习解决问题的能力时，请给予孩子及时的肯定。**

请具体地表扬孩子在解决问题时的创造性及付出的努

力，表扬孩子进步的过程，而不要仅仅笼统地表扬孩子"能干""聪明""真棒"！

☆ **让孩子适当地承担自然后果。**

承担自己行为的后果也可以教孩子解决问题的技能。因此，在适当的时候，让孩子面对他们行为的自然后果，只要确保这样做是安全的即可。

例如，如果孩子不听提醒，忍不住花钱的话，那就不要硬去劝阻，就让孩子在一进入游乐园不久就花光自己的钱，然后，孩子在接下来看到更好的东西的时候，却没钱买了，让孩子在这样的情况下度过在游乐园的一天。

回家后，你可以就此事与孩子进行讨论，帮助他们对金钱做出更好的规划。孩子也会因此学会延迟满足。

☆ **成年人要示范如何解决问题。**

当你自己遇到问题时，也可以使用解决问题的方法。你可以有意地与孩子讨论该如何解决这个问题，或者在事后与孩子分享你是如何解决这个问题的。

☆ **教孩子一些人生技能及具体的生活技能。**

教孩子 10 种人生技能

人生技能，如时间管理、情绪管理、人际技能等，被一些人称为"软技能"（Soft Skills），是指除了知识和才艺这些"硬核"能力之外的技能。其实，这些技能一点都不"软"，是孩子一生都会用到的宝贵技能。除此之外，还有一些具体的生活技能也是孩子在走向独立的过程中必须掌握的，如洗衣服、做饭、收拾房间等。为了便于讲述，我们将这些技能统称为人生技能。

很多孩子都是直到上高中甚至上大学或参加工作才开始学习如何处理现实世界的状况或问题的，许多青少年因为缺乏生活技能而变成了"妈宝"，如果没有父母在经济、情感和劳务方面提供支持，他们就很难过好日子。请不要等到你的孩子十几岁才教他们人生技能，或者等他们走上社会后被生活教训。建议立即开始教孩子这些必备的人生技能，根据孩子的年龄和实际情况教导，然后随着孩子的成长逐步升级。

以下是在孩子独立生活前，必须掌握的一些人生技能。

1. 做决策

做出正确的决定是每个孩子在很小的时候就应该开始学习的。从基本的决定开始，比如，选巧克力还是选香草冰淇淋、穿蓝色袜子还是穿白色袜子、玩火车还是玩汽车。当孩子上小学后，要教孩子了解正确决定的回报和错误决定的后果，引导他们完成决策的步骤，帮助他们权衡选择，评估每种决定的利弊，然后让他们做出最终决定，看看事情会如何发展。

2. 目标设定

无论你的孩子是想学习更好，还是变得更健康，设定并实现目标的能力都是必不可少的。教孩子如何建立一个目标，然后讨论如何采取行动以实现这些目标。一个知道如何跟踪自己进步的孩子更有可能保持积极进取的状态。

请让孩子经常练习目标设定技能。帮助孩子确定他们想要做成的一件事，然后帮助他们实现它。每实现一个新目标，孩子就会对自己在未来实现更高目标的能力充满信心。

3. 时间管理

父母都知道时间管理对于让家庭保持正常运转有多么重要。尽早地让孩子学习时间管理的重要性。教孩子如何估算和感受时间、坚持完成任务和遵守时间表，这不仅有助于让你的日子更轻松，更重要的是，学习这种生活技能有助于孩子成为时间的主人，从小时候能按时起床到长大后能准时上班。

4. 任务准备

孩子在读幼儿园的时候就可以学习如何为下一步的事情做好准备。让他们在睡觉前挑选第二天要穿的衣服，收拾好要带的书包，这样就不会在第二天早上慌慌张张，丢三落四。使用视觉效果来说明整个流程，例如，拍下闹钟、衣服、牙刷、梳子，甚至便盆的照片，在一张大纸上按时间顺序贴上这些照片，以提醒孩子每天的日程。当然，也可以把这些照片做成一叠卡片，让孩子抽取，直到孩子养成自己为下一步做好准备的习惯。

5. 情绪调节

儿童和青少年知道如何调节自己的情绪很重要。毕竟，如果你的孩子无法控制自己的脾气，他们就不能很好地应对挫折。或者，如果他们无法控制自己的焦虑，他们可能就永远不会走出舒适区。

请尽早教你的孩子如何以健康的方式处理不舒服的情绪，关于这部分技能，请见本书第 7 章。

6. 冲动控制

随着年龄的增长，孩子会慢慢发展出控制冲动的能力。父母可以通过多种方式有意识地帮助孩子提升冲动控制能力。延迟满足是一种控制冲动的能力，为孩子提供合乎逻辑的结果可以帮助孩子练习延迟满足。

表扬是另一种帮助孩子控制冲动的好方法。让孩子在行动前先思考，等轮到他时才说话，或者在生气时走开而不是发脾气，每当孩子做到了，家长都要及时给孩子表扬。

第三种是帮助孩子事先演示和练习，即在问题开始之前就预防问题的出现，这样就可以避免没必要的失控。例如，在带孩子去游乐场前，提醒他："那里有一个小朋友喜欢推人，你要小心一些，万一他推你，你也不必太生气。"随着你的孩子多次练习，他们控制冲动的能力就会逐步提升。

7. 自觉自律

唠叨孩子做作业，不让孩子做家务，或者总是把他们从困难的任务中解救出来，这些做法都不会教会孩子自律。相反，为孩子做得太多会强化他对你的依赖。家长照顾孩子的最终目标应该是让自己的"照顾者"身份失业。但是，为了让孩子发展出独立性，你需要教孩子自律。孩子需要在家庭作业、时间管理、金钱、家务、运动等很多方面学习自律。教孩子自律的最佳方法是始终如一地为他们的不当行为提供负面后果，以及为他们的良好行为提供积极结果。

8. 社交技能

良好的社交技能会对孩子在整个学生时代和成年期的成功产生重大影响。大多数孩子都需要大量的帮助和练习来学习社交技能。年幼的孩子需要学习如何分享、如何礼貌和友善地说话，这样他们才能建立牢固的友谊。

请每次确定一个你希望孩子学习的社交技能和文明举止，然后通过角色扮演教孩子如何使用这些技能，并为孩子的实践提供大量反馈。当你发现孩子使用了良好的社交技巧时，请给予他们及时的鼓励。

青春期的孩子要将社交技能视为一项需要持续提升的能力。抓住自然的机会来帮助孩子理解微妙的人际技能，例如，为什么不要背后说人坏话；为什么当你跟人说话时，如果对方不停地看表，你就要打住话题，礼貌告辞了。

9. 日常生活技能

尽早教孩子打理自己的生活，并进而能帮助家人。具体包括，健康与卫生、管理金钱与物品、理性购物、做饭、洗衣服、打扫房间等。有这些能力的孩子在单独生活时，能把生活管理得井井有条，而且，他们的这种自信和能力还会迁移到其他领域。

10. 享受生活的能力

这种能力因为很少被人提及，所以我要多说几句。我认为，一些非常优秀的人之所以出现心理问题，甚至走上抑郁和自杀的道路，或许与他们过于看重纯粹的精神生活，忽略了从平凡的生活中获取快乐有一定的关系。

平凡如我，在十几岁的时候，也曾面临一个严肃的抉择："做一个痛苦的哲学家，还是当一只快乐的猪。"在第 4 章里我谈到，青春期的我整天思考一些所谓"深刻"的问题，对尘世间那些"庸俗的快乐"嗤之以鼻。最后，哲学家没当成，痛苦了很多年倒是真的。

此后，遭遇种种挫折、工作、成家、生子、柴米油盐、游历世界、学积极心理学……生活逐渐改变了我。比如，最近，如果有事让我感到压力大，我就会好好地给自己煲一道汤，或者好好地睡个大懒觉，要么就把柜子里的衣服翻来翻去地互相搭配，一边听音乐一边照镜子，每当我把一件旧衣服和一件新衣服搭成"绝配"的时候，我的烦恼就在笑嘻嘻中烟消云散了。

一些天资和心性都较高的人，往往会有精神上的清高、道德上的洁癖。此外，这些人还喜欢在一些问题上过度思考和钻牛角尖儿。研究发现，过度思考会让人不快乐，尤其是一些知识女性，喜欢反复地咀嚼一些令自己不快乐的事，这也是知识女性抑郁率偏高的原因之一。怎样才能不过度思考？除了前面所说的分心法之外，还有一种方法就是，要能够找到世俗的快乐。特别是那些看重纯粹的精神生活的人，更需要让自己在灵性和世俗间达成平衡。我们大可不必走极端，要么是"痛苦的哲学家"，要么是"快乐的猪"。我们为什么不可以成为一个快乐的普通人呢？

人本来就是生物、一种动物，所以世俗的快乐，有时也是我们心理健康的一块基石。网上有段子说，"本女士已经觉得活不下去了，要自杀了，但一想还有好几个快递在路上，决定还是先别自杀吧，因为我实在舍不得我的好包包。"的确，我觉得，爱美食、爱美景、爱打扮、爱好东西、爱儿女情长……这样贪念世俗快乐的人多半是不会抑郁和自杀的，因为严重抑郁的一个表现就是，对通常能够让人们快乐的东西无感。

因此，作为一种心理健康的基础建设，我建议家长在重视孩子的知识和才华、鼓励他们追求精神生活的同时，也要教孩子体会和享受世俗的快乐。越是聪明和优秀的孩子，越要如此。当然，世俗不等于庸俗，更不等于物质主义。学会享受蓝天白云与鸟语花香、享受美食佳肴与粗茶淡饭的香甜、享受家人的爱及路人的微笑……对生活有这种积极态度的孩子会更有心理韧性，因此，学会体会并享受生活的美好，这也是一种孩子需要具备的人生技能。

即便是孩子具备了上述这10种人生技能，也无法保证孩子不会出现心理和生活问题，但是，如果孩子不具备上述大部分人生技能，孩子几乎就难以避免这样或那样的问题。培养孩子解决问题的能力，实际上是帮助孩子减少人生路上的压力源，从而让孩子能将更多的精力用来应对那些无法避免的风风雨雨。

给孩子的生命教育

我很重视对儿子的安全与生命教育，这不仅仅是为了保障他的人身安全，更重要的是，生命意志顽强的孩子的韧性更强。

在讲家庭教育课的时候，我发现家长都有一个共识，那就是相比于成功，一个家庭最基础的目标是孩子的健康和安全。父母和祖父母都希望自家的孩子能有成就，但更基本的，至少希望孩子的一生是健健康康、平平安安的。

可是，很多家长保障孩子安全的办法就是唠叨和过度保护，这也不行，那也不让做，时时刻刻地看护着、限制着。问题是，我们是没有办法保护孩子一生中的每一个时刻的，过度保护、不给孩子磨炼的机会，反而会养出娇弱不堪的孩子。让孩子安全和有生存能力的根本办法，是培养孩子具备自我保护的能力，以及在任何情况下都能积极应对挑战和困境的强大生命力。

下面我和大家分享一下我对儿子的安全和生命教育。

1. 安全意识教育

在儿子小的时候，我就经常和他说："咱不是胆小鬼，在值得的事情上，是可以舍生忘死的。但是，在没有意义的事情上出事故，是毫无价值的！"所以，我总是要求儿子上车马上系好安全带；不要边走路边看手机，或者边骑自行车边戴耳机听音乐；在大风天或一些有开放式凉台的地方，不贴着楼边走，以免高空坠物；过马路时除了要等红绿灯外，还要注意来往车辆；在出远门之前，要吃饱喝足、排空大小便，因为"你不知道会遇到什么样的情况，你要有足够的能量来应对可能的意外"。总之，从小我就教育他，要注意安全，珍惜生命。

2. 生存技能培训

夏天，是孩子溺水的高发期。每当我看到孩子溺水的报道，甚至是好几个孩子一起溺水的时候，都令我痛心不已。我奇怪的是，我看到的防溺水的宣传远比倡导教孩子游泳的宣传多。我是坚决支持防溺水教育的，但是，谁也无法保证孩子一辈子不遇到水险。我们可以限制孩子去危险的水域玩，但万一遇到发大水或翻船怎么办？由于排水系统不够完善，很多城市甚至下一场雨就变成了汪洋，不会游泳的人，在城市的街道上都可能被淹死。所以，我在儿子上幼儿园时就送他去学游泳了，因为比限制孩子玩水更好的办法是让孩子学会游泳。

现在的孩子（尤其是城市的孩子）大多整天忙于学习，或者忙于练习钢琴、画画等室内才艺，业余时间也基本上是在家看电视、玩游戏，成长过程特别像温室内被培育的盆栽。相比之下，很多其他国家的孩子要生猛得多，他们每天都有体育运动和户外活动，经常接触大自然，学习很多野外生存技能，如搭帐篷、找水源、钻木取火、识别方向、保持体温、躲避猛兽、寻找植物并捕捉昆虫和小动物做食物等。现在，越来越多的中国家庭和学校也开始教孩子生存和救生的技能，比如，被食物卡住怎么办、失火怎么办、地震怎么办、发洪水怎么办、如何给人做心肺复苏等。这些生存技能在关键时刻，不仅能自救，还能救人，非常值得学习。

3. 生存意志培养

在遇到危难的时候，人的生存意志是极其重要的。坚决不放弃，拼一拼，活下来的概率就大大增加；而轻易放弃，就只能听天由命了。我希望儿子是一个有顽强生命意志的人，所以从小我就教他，无论如何都要做个"Survivor"（幸存者）。

我专门收集了一些关于灾难和幸存的电影，和儿子一起观看和讨论，还专门做了一系列积极成长电影课，与其他家庭分享。上小学时，儿子就看过《海底总动员》《鲁滨孙漂流记》《庞贝末日》《荒岛余生》《泰坦尼克号》等电影。2017 年暑假，我集中陪儿子看了多部有关在危难中生存的电影，包括《阿波罗 13 号》《地心营救》《127 小时》《冰封 168 小时》《唐山大地震》《海啸奇迹》《美丽人生》《肖申克的救赎》等。这些电影中有很多依据的都是真人真事，从宇宙到地心、从荒原到冰山、从地震到海啸、从集中营到冤狱……这些经历危险和困境的人们凭借顽强的生命意志和强大的求生能力，最终都幸存了下来。我陪儿子一起看这些电影，并且有很多的讨论。我们还做了一个约定：万一遇到天灾人祸，我们无论如何都不能放弃希望！

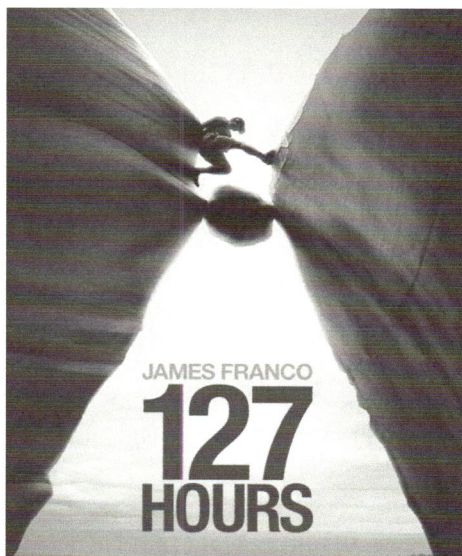

《127 小时》剧照

总之，我希望儿子具有良好的安全意识，此生平安。在重视安全的同时，我也希望他不会因为恐惧而不敢去探索这个美丽的世界。我还希望儿子万一遇到不可回避的危险，能够顽强求生，绝不放弃。

我格外重视对孩子的生命教育，因为生存意志的价值是远远超越安全本身的。如果孩子从小就有这样一种意识：万一遇到意外，从天上地下到海里、从高山森林到荒野、从大水烈火到地震，只要一息尚存，我定要顽强求生。

试想，一个在灾难面前都有如此强悍的生命力的孩子，怎么可能因人世间一些小小的挫折，而轻易放弃希望及自己的生命呢？

【思考与练习】

用 4F 法讨论电影

电影是一种非常有效的教育手段。优质的电影，既有教育意义，又为孩子喜闻乐见。和孩子一起看电影与讨论电影，并做与之相关的游戏或活动，也能促进和谐的亲子关系。

英国学者罗杰·格林尔威（Roger Greenaway）提出了"积极回顾循环"的方法，他归纳出通过提问引导学习者进行深入思考的4F 法，包括，Facts（事实）、Feeling（感受）、Finding（发现）和Future（未来）。罗杰以四张扑克牌代表四个 F，说明如何引导人们从体验中学习。

请大家将 4F 法运用到电影的分析和讨论中。首先，与孩子一同观看一部优质的电影，主题可以是顽强生存、解决问题或坚韧不拔，然后拿出四张扑克牌，与孩子一起做下面的游戏，其中的提问部分，我以本书第 3 章介绍过的《美丽人生》为例。请大家根据自己选中的电影，来与孩子一起讨论（见表 10-2）。

表 10-2　4F 法讨论《美丽人生》电影示例

4F	扑克牌	问题	培养的能力
Fact／事实 客观描述发生了什么	方片的多边代表事情的多角度	• 这部电影讲的是什么？故事发生在哪里？ • 是什么时代的事情？ • 主人公是谁，他们都有什么样的性格特点？ • 你印象最深刻的情节是什么？ • 你记得电影中的哪些语言？ • 你认为圭多的结局是什么？	观看电影时的注意力、观察力、理解力和记忆力
Feeling／感受 对事件的情感反应	心形代表内心的感受或情绪	• 对这部电影，你的感觉如何？ • 看电影时你的心情怎么样？ • 最令你紧张的情节是什么？ • 如果你是圭多，你在集中营里的感受是什么样的？ • 如果你是乔舒亚，有一个圭多这样的爸爸，你的感觉会是什么？ • 如果你的爸爸不是圭多这样的性格，而是和集中营里的大部分犹太人一样，那么你的感觉会是什么样的？ • 看完电影，你现在的心情怎么样？	对电影有参与感，对人物产生共情，培养情商

（续表）

4F	扑克牌	问题	培养的能力
Finding/ 发现 对事件的看法 和评论	♠ 铲形代表对内 心世界的深入 挖掘	• 为什么那么多的孩子都死在集中营里，乔舒亚却可以幸存下来？你认为其中的原因是什么？ • 你在过去的生活中有没有遇到像圭多那样，在任何情况下都保持顽强和乐观的人？这样的人对你有什么影响？ • 如果你处在同样的情况下，你能像圭多那样坚强和乐观吗？ • 你从这部电影中学到了什么？	对电影的综合能力、推理能力和抽象思考能力
Future/ 未来 将获得的思考 应用在未来的 生活中	♣ 多瓣代表多角 度的前瞻思考	• 这部电影对你的未来会有怎样的影响？ • 对你的学习有什么启发吗？ • 你有没有考虑过改变自己对待一些问题的态度？ • 将来你希望成为一个什么样的父母？	将从电影中获得的经验转化为学习和成长，带来态度和行为上的改变，也能培养解决问题的能力

后记 | AFTERWORD

这本书终于写到了尾声，我仿佛也和读者朋友们一起走过了一段心灵之旅。

我对心理韧性最初的兴趣来源于小时候对英雄的崇拜，从书和电影中看到那些英雄人物，历经艰难险阻、面对生死考验，却是矢志不渝、百折不挠。他们那种心灵和精神的美总是让我心驰神往，我想知道，是什么练就了他们钢铁般的意志。

后来学习和研究心理学，尽管我对解析成就的秘密有很大的兴趣，但是始终对韧性这个主题非常痴迷，研究了不少关于韧性的书籍、科学文献和影视资料。近些年，人们普遍焦虑，甚至有越来越多的孩子出现了心理障碍。作为一个心理学人，我有责任将学到的一些关于韧性的知识及自己的思考分享出来，希望或多或少能对一些人有帮助。

心理韧性是一个高难度的话题。韧性是一个复杂的多维结构，是多种因素相互作用的结果，涉及遗传、成长环境、养育方式、社会因素、心理因素、神经回路和生化物质等，其中的一些领域，如韧性的神经生理学还是一个很年轻的领域，我也还在继续学习和研究的过程中。总之，要在一本书中把韧性讲清楚，还要致力做到"有理、有趣、有用"，确实是一个很大的挑战。

这本书不是韧性研究的综合报告和韧性培养大全。限于篇幅，一些有助于培养韧性的理论和方法，因为在其他的书中谈得很多，我只是点到为止，没有详细阐述，我将重点放在了既重要，人们又不太重视的方面，以及我个人体会特别深的地方。

虽然这不是一本学术书，但我希望做到以科学为依据。对一些没有经过科学验证的我个人的思考和体验，我也都尽量做了说明。在有限的篇幅里，我尽可能地附上了一些练习，让读者朋友们可以进行一些思考和实践。按照出版社的要求，这是一本写给大众的科普类通俗读物，加之时间紧促，因此，本书没有对引证做完备的标注，希望得到同行的理解和谅解。我深知本书有很多不足之处，各位朋友有任何批评和建议，也请与我联系，欢迎指正。

这本书的写作过程本身也是对我韧性的考验。由于出版档期紧，本书是在一个远远短于我预期的时间内完成的。爱人异地，我要照顾两个老人和一个升学的孩子，还要讲课、输出线上课……因此经常要熬夜，甚至通宵写稿（严重违背身心健康的原则）。有时，我觉得大脑已经停止转动了，身体也困乏无比，想要偷懒不写了，但是编辑还在那边焦急地等稿，我只有咬着牙坚持。我经常用马丁·塞利格曼教授在课堂上给我们讲的一个例子来激励自己："神枪手的训练就是，刻意让他们在又累又饿又困的情况下能够出色地完成任务。"神奇的是，当我坚持下去、沉浸在写作中时，不知不觉就进入了忘我的"福流"状态。

本书的写作也是克服完美主义的过程。学然后知不足，看的书越多、见的人越多，越知道知识无涯，世有高人。因此，要把自己的作品呈现出来，我觉得必须是学理严谨、论述生动、文字优美。但是，在自己能力有限、时间又特别紧迫的情况下，用完美主义要求自己，就等于让自己瘫痪。我只能本着成长型心态，为大家按时呈现出一部尚未完美的作品。

本书也是对自我的挑战。在这个盛行分享的互联网时代，一些人甚至不惜以暴露隐私或制造丑闻来达到成名的目的，而我恰好是一个比较"老派"的人：注重隐私、不善分享。在这本书中，我披露了不少我自己及儿子的生活经历和内心感受，以期让读者感受到我们作为真实的人曾经有过的挣扎及生命成长的历程。不知道读者朋友们是否喜欢这些分享，但我为自己的勇敢和自我突破而鼓掌。

感谢本书的责任编辑姜珊女士。在多年前，她就向我约稿，去年又与我一起确定了心理韧性这个主题，并且按时催促我交稿。没有她的督促，以完美主义的我的标准来说，这本书慢工出细活地写下去，还不知道什么时候才能出版。在交稿之后，我又做了一些修改，给编辑工作带来了额外的工作量，在此一并致歉并致谢！

我要借此感谢我的家人。父母的爱和信任，让我从 15 岁就开始走向独立，慢慢磨炼出一些韧性。感谢爱人和姐妹帮我分担家庭责任，让我有更多的时间专心写作。还要特别感谢儿子允许我写他的故事，希望他慷慨的分享能够帮助其他的孩子。在本书即将付印之时，儿子的故事也有了后续。他收到了美国五所大学的录取通知书，最终选择了加利福尼亚大学洛杉矶分校（UCLA），即将成为一名大学生。

　　最后，我要感谢亲爱的读者朋友们。虽然我与你们中的绝大多数从未谋面，但我很享受与你们谈心的过程。希望你们喜欢这本书，用得上这本书，这本书承载了我对你们最诚挚的祝福。

安妮

2021 年 9 月

作者邮箱：yxxy_edu@163.com，欢迎读者发来宝贵意见。

参考文献

安杰拉·达克沃斯. 坚韧 : 激情与毅力的力量 [M]. 中信出版社 , 2018

傅小兰 张侃 陈雪峰 等 . 中国国民心理健康发展报告 (2019-2020). 社会科学文献出版社 , 2021

索尼娅·柳博米尔斯基 . 幸福有方法 [M]. 纺织出版社 ,2022

徐凯文 . 时代空心病与焦虑经济学 , 2016

Anda, R. F., Whitfield, C. L., Felitti, V. J., Chapman, D., Edwards, V. J., Dube, S. R., & Williamson, D. F. (2002). Adverse childhood experiences, alcoholic parents, and later risks of alcoholism and depression. *Psychiatric Services, 53*(8), 1001–1009.

Becker-Weidman, E. G., Jacobs, R. H., Reinecke, M. A., Silva, S. G., & March, J. S. (2010). Social problem-solving among adolescents treated for depression. *Behavior Research and Therapy*, *48*(1), 11–18.

Bercik, P., Collins, S. M., & Verdu, E. F. (2012). Microbes and the gut-brain axis. *Neurogastroenterol Motil, 24,* 405–13.

Boyce, W. T. (2020). *The orchid and the dandelion: Why sensitive people struggle and how all can thrive.* Vintage.

Duman, C. H., Schlesinger, L., Russell, D. S., & Duman, R. S. (2008). Voluntary exercise produces antidepressant and anxiolytic behavioral effects in mice. *Brain Research*, *1199*, 148–158.

Dweck, C. S. (2006). *Mindset: The new psychology of success.* Random House.

Felitti, V. J., Anda, R. F., Nordenberg, D., Williamson, D. F., Spitz, A. M., Edwards, V., Koss, M. P., & Marks, J. S. (1998). Relationship of childhood abuse and household dysfunction to many of the leading causes of death in adults. The Adverse Childhood Experiences (ACE) Study. *American Journal of Preventive Medicine, 14*(4), 245–258.

Fredrickson, B. (2009). *Positivity: Top-notch research reveals the 3-to-1 ratio that will change your life.* Harmony.

Kim-Cohen, J., Caspi, A., Moffitt, T. E., Harrington, H., Milne, B. J., & Poulton, R. (2003). Prior juvenile diagnoses in adults with mental disorder: Developmental follow-back of a prospective-longitudinal cohort. *Archives of General Psychiatry, 60*(7), 709–717.

Knowles, S. R., Nelson, E. A., & Palombo, E. A. (2008). Investigating the role of perceived stress on bacterial flora activity and salivary cortisol secretion: A possible mechanism underlying susceptibility to illness. *Biological Psychology, 77*(2), 132-137.

Lambert, N. M., Gwinn, A. M., Baumeister, R. F., Strachman, A., Washburn, I. J., Gable, S. L., & Fincham, F. D. (2013). A boost of positive affect: The perks of sharing positive experiences. *Journal of Social and Personal Relationships, 30*(1), 24–43.

Masten, A. S. (2014). *Ordinary Magic: Resilience in Development.* The Guilford Press.

Mayer, E. A, Knight, R., Mazmanian, S. K., Cryan, J. F., & Tillisch, K. (2014). Symposium: Gut Microbes and the Brain. *The Journal of Neuroscience, 34*(46), 15490-15496.

Moser, J. S., Schroder, H. S., Heeter, C., Moran, T. P., & Lee, Y. (2011). Mind your errors: Evidence for a neural mechanism linking growth mind-set to adaptive posterror adjustments. *Psychological Science, 22*(12), 1484-1489.

Sepp, J. (2015). S.T.E.P. Problem solving method.

Wolfson, A. R., & Carskadon, M. A. (1998). Sleep Schedules and Daytime Functioning in Adolescents. *Child Development,* 875-887.